ZHENGFU TAIKONG

ZHI LU CONGSHU

征服太空之路丛书

刘芳　主编

载人航天器的故事

APCTIME
时代出版
时代出版传媒股份有限公司
安徽文艺出版社

图书在版编目（CIP）数据

载人航天器的故事 / 刘芳主编. — 合肥：安徽文
艺出版社，2012.3（2024.1重印）
（时代馆书系·征服太空之路丛书）
ISBN 978-7-5396-3960-4

Ⅰ. ①载… Ⅱ. ①刘… Ⅲ. ①载人航天器－青年读物
②载人航天器－少年读物 Ⅳ. ①V476.2-49

中国版本图书馆 CIP 数据核字(2011)第 246430 号

载人航天器的故事

ZAIREN HANGTIANQI DE GUSHI

出 版 人：朱寒冬
责任编辑：岑 杰　　　　　　　装帧设计：三棵树　文艺

出版发行：安徽文艺出版社　www.awpub.com
地　　址：合肥市翡翠路 1118 号　邮政编码：230071
营 销 部：(0551)3533889
印　　制：唐山富达印务有限公司　电话：(022)69381830

开本：700×1000　1/16　印张：10　字数：148 千字
版次：2012 年 3 月第 1 版
印次：2024 年 1 月第 6 次印刷
定价：48.00 元

前　言
PREFACE

　　载人航天器是绕地球轨道或外层空间按受控飞行路线运行的载人的飞行器。载人航天器家族中有三个成员：宇宙飞船、航天飞机和空间站，人类就是乘坐它们飞出地球，摘星揽月的。

　　载人航天器基本上是无动力的，须依靠运载火箭，通常为第二级火箭提供的初速来运动。运载火箭在燃料耗尽后就自动分离，向地球下落；航天器或者进入地球轨道，或者在给以动量情况下，继续飞向太空目的地。

　　载人航天器本身也可以装有小型液体火箭发动机供机动飞行之用。在美国的"阿波罗"月球探测计划中，登月舱就装有火箭发动机，以便从月球起飞，再飞回轨道上。飞船本身也得有足够的火箭动力使其脱离月球轨道返回地球。

　　载人航天器的设计异常复杂，它包含几百万个部件，要求高度微型化且可靠率要达到99.9999%以上。如果汽车的零件达到同样的可靠度的话，那么在首次故障之前，就可运行100年。在载人航天器上，还需要电源来带动所携带的各种设备。在"太空实验室"上通常使用燃料电池，有时则为燃料电池与太阳电池的组合。

　　第一个航天器是1957年10月4日苏联发射的"人造卫星"1号。随后有许多不载人的苏联和美国的航天器发射。1961年4月12日，苏联航天员加加林乘坐世界上第一艘载人飞船"东方"号，环绕地球飞行了108分钟，开创了人类载人航天的新纪元。

　　8年之后的7月20日，不甘落后的美国航天员阿姆斯特朗和奥尔德林乘坐着"阿波罗"11号登月飞船成功地登上月球，人类载人航天和空间探索取得了重大突破。载人飞船独立往返于地面和空间站之间，如同人类沟通太空的渡船，能够与空间站或者是其他航天器对接后进行联合飞行。

但是，飞船容积小，所载消耗性物资有限，不具备再补给的能力，所以它的太空运行时间也是有限的，仅能够使用一次。从 20 世纪 70 年代起，苏联的载人航天技术进入以空间站为主体的研究、试验的新阶段。1971 年，苏联发射了第一个空间站"礼炮"号。与载人飞船相比，空间站容积大、载人多、寿命长，可综合利用，是发展航天技术、开发利用宇宙空间的基础设施。

1981 年，美国发射了世界上第一架航天飞机"哥伦比亚"号，后又相继研制了"挑战者"号、"发现"号、"阿特兰蒂斯"号和"奋进"号航天飞机。

航天飞机是一种多用途航天器。它能满足发射、修理和回收卫星以及运送人员、物资等需要，可多次重复使用，大大降低了运载成本。它的出现是航天技术发展的一次飞跃，代表了载人航天器的发展方向。但是由于多种原因，航天飞机即将全部退役，"国际空间站"开始成为人们的新宠。

"国际空间站"是一种更先进的多舱段空间站，它代表了当代空间站技术的最高水平。并且可以预见的是，随着科学技术的突飞猛进，人类在载人航天方面必将取得更大的进展，或许有一天，我们能够在太空的某一位置像在地球上一样生活、工作……

目录

Contents

飞天梦想的实现

古人的飞天梦 ·· 1

万户升空 ·· 4

牛顿与地球大炮 ·· 6

科幻作品中的航天梦 ·· 7

火箭：架起通向太空的桥梁 ······························ 11

戈达德与液体火箭的升空 ·································· 15

走进航天时代 ·· 16

成熟的载人航天系统 ·· 20

未来的载人航天设想 ·· 27

进入太空的飞船

奠基太空飞行 ·· 29

首次飞出抛球的飞船 ·· 31

迟到的"水星"计划 ·· 36

人类的首次太空行走 ·· 40

一次成功的太空对接 ·· 44

人类登月梦的实现 ··· 50

庞大的"联盟"飞船家族 ···································· 55

"神舟"飞船：中华民族的骄傲 ……………… 62

"奥赖恩"：飞向更遥远的太空 ……………… 66

航天飞机的辉煌时代

能够重复使用的航天飞机 ……………… 69

美国首艘航天飞机的升空 ……………… 72

震惊世界的"挑战者"号失事事件 ……………… 78

战绩辉煌的"发现"号航天飞机 ……………… 83

"阿特兰蒂斯"号：拉开俄美合建空间站的序幕 ……… 88

最后的航天飞机："奋进"号 ……………… 92

空间站时代的到来

打响发展空间站的"礼炮" ……………… 96

建在太空的"实验室" ……………… 101

"和平"号的风风雨雨 ……………… 107

多国打造"国际空间站" ……………… 113

航天先驱与英雄

齐奥尔科夫斯基 ……………… 119

赫尔曼·奥伯特 ……………… 122

冯·布劳恩 ……………… 125

谢尔盖·巴甫洛维奇·科罗廖夫 ……………… 128

马克西姆·费格特 ……………… 132

钱学森 ……………… 135

尤里·加加林 ……………… 139

捷列什科娃 ……………… 143

尼尔·阿姆斯特朗 ……………… 146

杨利伟 ……………… 150

飞天梦想的实现

FEITIAN MENGXIANG DE SHIXIAN

　　无边无垠的宇宙，神秘莫测的太空，总是让人类充满了幻想；展翅飞翔，遨游太空，更是千百年来人们的憧憬和追求，从嫦娥奔月，到科幻小说中的太空人，无不体现了人类的飞天追求。随着科学的发展，人们开始用智慧把幻想变成行动，尤其是宇宙、天体、时间、空间等概念的形成，牛顿力学理论的出现，火箭理论和实践的进一步深入，最终促成了航天学的建立，人类也实现了登上太空的梦想。

古人的飞天梦

　　在人类亘古不变的梦想中，最不可磨灭的就是对飞行的渴望。但是受当时科学技术的制约，这种梦想是无法实现的，于是人们就把这种理想寄托于神话和传说。古代的中国、希腊、罗马、埃及和印度等国创造了许多关于飞行的美妙神话故事，至今仍在流传。

折翼的伊卡洛斯

中国古代神话中，相传招英负责管理黄帝的空中花园"悬圃"。招英是一个人脸马身的异类，背上有对翅膀，常在看管"悬圃"之余飞游四海，大声嘶叫。

《圣经》中的天使们都有一双可爱的翅膀。在希腊神话中，赤裸着身子，蒙着眼睛，手执弓箭的爱神丘比特，他身后也有一对翅膀使他可以飞来飞去，用金箭射穿世俗的心。

在古希腊神话中，有一个用蜜蜡粘成翅膀的传说：克里特国的王后帕西维与一头白毛公牛产下了人身牛头的怪物弥诺陶诺斯，荒淫凶恶的克里特王命令技艺高超的工匠代达洛斯建造了一座迷宫，将怪物囚禁起来。迷宫完工后，为掩人耳目，克里特王将代达洛斯和他的

拥有翅膀的代达罗斯和伊卡洛斯

儿子伊卡洛斯软禁在四面是海的克里特岛。为了逃脱，代达洛斯悄悄地用蜜蜡和羽毛制成了两双翅膀，和儿子一起飞出了监牢。可是，当他们飞越大海时，勇敢的伊卡洛斯产生了飞向太阳的冲动。他不听父亲的劝告执意飞向太阳，最终蜡融化了，翅膀断了，伊卡洛斯坠海而亡。从此，埋葬伊卡洛斯尸体的海岛就被叫做伊卡利亚。

嫦娥奔月的故事

从古代开始，我们的祖先就梦想飞上太空，其中流传最广的神话故事就是嫦娥奔月。

相传在远古时代，天上共有 10 个太阳。起初，它们在空中轮流出现，1个太阳出勤值班，其余的太阳便回去休息。所以，虽然有 10 个太阳，但人们

见到的只有1个。

可是后来它们调皮起来，常常一同跑到天空中嬉戏，这下可给人们带来了灾难。10个烈日一起曝晒，使得禾苗枯萎，河流干涸，人们无法生活。

天帝看到地下的人们在受苦受难，十分生气，决定派神箭手后羿去教训一下太阳们。

后羿看到人们受苦的情景，不由得勃然大怒。他从腰间抽出一支白箭，搭在红色的弓上，对准第一个太阳。只听得"嗖"的一声，刹那间一个太阳从空中坠了下来，开始是一团火，落地后变成了一只带箭的三足死鸟。

后羿又一口气连发8箭，箭箭命中。正当他准备射杀最后一个太阳时，旁边的一位老人大叫："使不得，使不得！天上不能有10个太阳，可也不能一个太阳也没有呀！"后羿觉得老人言之有理，便收去弓箭，让最后一个太阳继续照耀着人间。

后羿为民除害的消息，最后传到了远在昆仑山的王母娘娘的耳中。王母娘娘十分赞赏后羿的献身精神，送他一颗吃了能长生不老的仙丹，并叮嘱送仙丹的人告诉后羿：这颗仙丹一定要两人同吃，一个人独吃就会升天。

不巧，送仙丹的人来到嫦娥家的那天，后羿正好不在家。他便把仙丹交了嫦娥，但却忘记将王母娘娘的叮嘱告诉她。

嫦娥拿着仙丹，闻到阵阵清香。她闻呀闻呀，一不小心，将仙丹吞了下去。开始，她觉得全身轻飘飘地，舒服极了，可是不一会，双脚竟然离地飘向空中，她才惊慌起来，

嫦娥飞天

3

大叫后羿的名字。但是，已经晚了，她身不由己地向空中飞去。

嫦娥最后飞到了月亮上。她走进了广寒宫，只见那里杳无人迹，只有一棵桂花树和一只正在捣药的小白兔，她好不伤心啊！

嫦娥无可奈何地留在月亮上，过着寂寞的生活。只能在每年的中秋之夜，走出广寒宫，遥望远处的人间。

唐朝诗人李商隐曾有《嫦娥》诗一首："云母屏风烛影深，长河渐落晓星沉。嫦娥应悔偷灵药，碧海青天夜夜心。"千百年来一直被人们所吟诵。

这个传说，反映了古代的人们是多么向往飞天啊！

万户升空

中国古代还曾有过用火箭载人飞行的尝试。

美国作家赫伯特·基姆1945年在《火箭与喷气发动机》一书中是这样记述的：

"这位快要活到15世纪的中国士大夫，是一位试验火箭的官员。我们愿意将万户评价为试图利用火箭作为交通工具的第一人。他先制造了两个大风筝，并将一把椅子固定在风筝之间的构架上。他在构架上搁绑了47支他所能买到的最大的火箭。当一切就绪后，万户坐在椅子上，命其仆人手持火把点燃了47支火箭，随即发出轰鸣，并喷出一股火焰。试验家万户却在这阵火焰和烟雾中消失了。"

这就是国外对万户升空所作的非常简要的描述。

关于万户，另外还有一种带有传奇性的传说：

据说万户原是木匠，喜好钻研技巧。从军之后，改进过不少刀枪车船，在同瓦剌的战事中屡建奇功，受到将军班背的青睐，让他在兵器局供职。两人志趣相同，相交甚厚，并共同开始了对"飞鸟"的研制。班背性情耿直，从不趋炎附势，因而得罪了右中郎李广太等一班奸臣，被革去一切职务，并被幽禁在拒马河上游的深山鬼谷中。

明朝开国皇帝朱元璋的第四个儿子朱棣，想继位当皇帝。他一方面网罗

明朝官吏万户 第一个试图利用火箭飞天的人

党羽，扩充势力；另一方面搜罗各种技艺，献给朱元璋，讨其欢喜。李广太得知万户技艺非凡，便对其软硬兼施，想利用他来为皇上造"飞龙"。万户表面上同意造"飞龙"，暗地里想趁机营救班背，同时完成造"飞鸟"的宿愿。

万户立即去鬼谷与班背会合，但晚了一步，原来他已被李广太勾结的瓦刺军所害。班背在临终前令随从带着他的《火箭书》冲出去，转交给万户。万户决心依照《火箭书》造出"飞鸟"，以实现班背的遗愿。

他首先造出了各种各样的火箭，然后画出"飞鸟"的图形，众匠人按图制造"飞鸟"。试飞时，"飞鸟"放在山头上，万户拿起风筝坐在鸟背上。先点燃鸟尾引线，火箭喷火，"飞鸟"离开山头向前飞去，接着两脚喷火，"飞鸟"冲向半空。不久，火光消失，"飞鸟"翻滚着摔在山脚之下……万户为自己的理想献出了宝贵的生命。尽管他的飞天试验是一出以失败而告终的悲剧，但他被公认是世界上尝试利用火箭飞行的第一人。为了纪念万户，1970年召开的第14届国际天文学联合会大会上，一致通过将月球背面的一座环形撞击坑命名为"万户"。另一座撞击坑也同时被命名为"嫦娥"。

撞击坑

撞击坑，又称陨石坑和环形山，是坑的一种，为行星、卫星、小行星或其他类地天体表面通过陨石撞击而形成的环形的凹坑。撞击坑的中心往往会有一座小山，在地球上撞击坑内常常会充水，形成撞击湖，湖心则有一座小岛。在具有风化过程的天体上或者具有地壳运动的天体上，老的撞击坑会逐渐被磨灭。比如在地球上，通过风化、风吹来的尘沙的堆积、岩浆，撞击坑会被掩盖或者磨灭。在其他天体上有可能有其他效应来磨灭撞击坑。

牛顿与地球大炮

在17世纪80年代，伟大的科学家牛顿确立了他的力学定律。其第三定律，即作用力与反作用力大小相等、方向相反，正是今天火箭运动的力学原理。

牛顿在他的著作中做了这样的推理："如果在山顶上架起一尊大炮，用火药的力量把一枚铅制炮弹平射出去，铅弹在落地以前就会沿曲线飞行2英里（1英里≈1.61千米）的距离，这时（假如没有空气阻力的话），发射炮弹的速度如果增加1倍，它飞行的距离差不多增加1倍；如果炮弹的速度增加10倍，飞行的距离也会增加10倍。加大速率就可以任意加大飞行的距离和减少弹道的曲度，因此我们可以使弹道落到10°、30°、90°那么远的地方，可以使炮弹绕行全球，

牛顿

甚至飞入宇宙空间，直到无限远。"

这表明，牛顿的炮弹，只要有足够的初速度，就可以变成绕地球运行的人造"小卫星"。经过计算，要使地球上的物体脱离地面成为地球的人造卫星，初速度必须达到7.9千米/秒，这称为"第一宇宙速度"；要使物体脱离地球引力范围，成为太阳系的人造行星，初速度必须达到11.2千米/秒，这称为"第二宇宙速度"；要使物体脱离太阳系的话，初速度则必须达到16.8千米/秒，这称为"第三宇宙速度"。

但是，当年牛顿的炮弹是不可能实现的。因为要造出使炮弹达到7.9千米/秒速度的大炮，它的炮筒长度就要有1千米，这显然是无法办到的事情。

不过牛顿炮弹所昭示的万有引力原理，以及这三个宇宙速度的引出，为后来发射人造地球卫星和各种宇宙飞行器奠定了科学基础。

后来，英国大诗人拜伦高度评价了牛顿的这一设想："牛顿铺设的道路，减轻了痛苦的重负，从那时候起已经有了不少的发现，看来我们总有一天，会在蒸汽的帮助下，开辟出到月球的道路。"

知识点

牛顿第三定律

内容：两个物体之间的作用力和反作用力，在同一条直线上，大小相等，方向相反。

说明：要改变一个物体的运动状态，必须有其他物体和它相互作用。物体之间的相互作用是通过力体现的。力的作用是相互的，有作用力必有反作用力。它们是作用在同一条直线上的，大小相等，方向相反。

科幻作品中的航天梦

正如对海洋这片蓝色的崇拜，人类从具有思维的那一天起就对天空这片蓝色怀有无限的遐想。人类渴望有一天可以翱翔天空，这种对飞行的渴望逐渐演变成了一个个美妙动人的传说，经过千百年的传播和演变，这些传说不断地刺激着后代科学家为了实现梦想而努力。

随着天文学的发展，相继出现的太空幻想小说是人类对太空飞行进一步的思考。通过哥白尼、第谷·布拉赫、开普勒和伽利略等科学家的不懈努力，近代日心说的天文学体系确立了。这时人们意识到地球仅仅是浩瀚宇宙中一颗普通的行星，人类借助于自己的想象力以及自己所生活的这个星球上的知识来设想宇宙中其他的星球。地球以外的星球是什么样的？上面是否有生命的存在？这些都推动着人类不断地去幻想。

1638年，英国歌德温主教写了一部名为《月中人》的科幻小说。书中主人公冈萨雷斯乘船在大西洋上航行。生病后流落到一座孤岛上。碰巧，岛上有一群来自月亮的野鹅。为了回到故乡，冈萨雷斯开始训练野鹅负重飞行。经过充分训练的野鹅，被分为每25只一组，用细绳联结在一起，绳上再捆一根坚固的细棒，冈萨雷斯就骑在细棒上，靠鹅力飞回了欧洲。后来，在野鹅返回月亮的季节里，冈萨雷斯被鹅力飞车带到了月球上。他看到，月亮上的东西是地球上的30倍，月球人身高3米到30米，平均寿命为5000岁。后来，他又乘飞车回到了地球，向人们讲述了他的登月奇遇。

1649年，法国作家西拉诺·德·贝尔热拉写了《月球之旅》，此书在他逝世后的1657年出版。小说的主人公就是西拉诺自己。经过一系列试验后，主人公在高山顶上建造了一条底部装有弹簧的船，想借强力弹簧的弹力，把船弹到月亮上去。试验发射时，船被弹射起来，而后掉到山谷里。他叫来一群士兵帮助他搬运船舱里的鞭炮，突然，鞭炮发生意外爆炸，主人公被推向天空，飞向月亮，最后被月球的引力带到月亮上，开始了一番月球探险。在西拉诺访问的月球世界里，儿童们上学念书前，就可以通过留声机直接听到社会活动家的声音，从中受到教育。西拉诺后来是被一阵龙卷风吹回地球的。

在这部小说里，第一次把飞出地球与鞭炮的反冲推进联系了起来。

可以看到，这个时候的太空科学幻想小说中，科学性上升到了非常重要

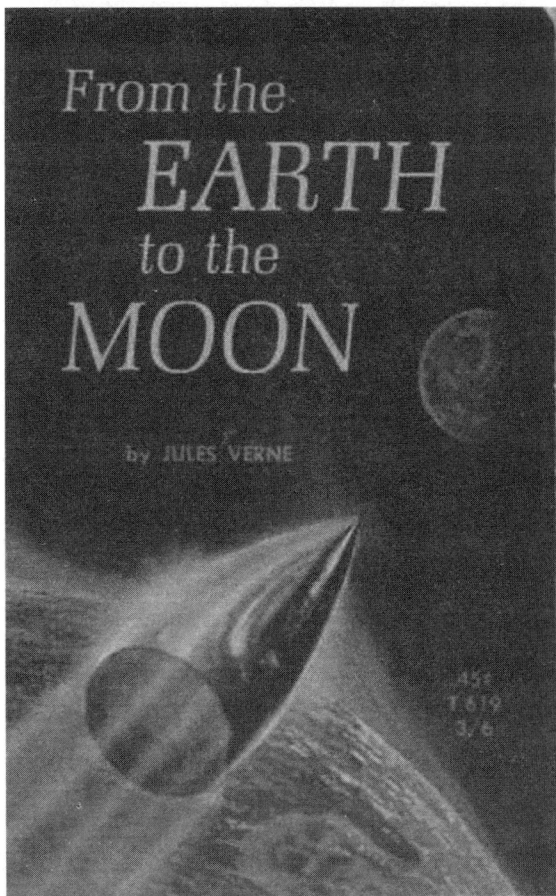

凡尔纳的杰作《从地球到月球》

的地位。他们的作品与当时的科学探索发现是紧密结合的，既不同程度受到不断出现的新技术新发现的影响，又对航天科学的发展起到了极大的影响作用。后来的许多火箭专家和航天先驱者都受到了这些作品的启发和激励，俄国航天先驱齐奥尔科夫斯基、美国航天先驱戈达德和德国火箭专家冯·布劳恩等在早期都曾受到过这些作品的影响。德国航天先驱奥伯特和法利尔还曾对《从地球到月球》中凡尔纳设计的火炮及用这种装置发射飞船的可能性进行过认真的研究。

人类对太空的幻想激励着我们不断地对太空进行探索，去实现翱翔太空的梦想。在对太空的无限遐想中，人类逐步建立起了太空飞行的思想和观念，这就为航天梦想的实现奠定了思想基础。因此当新的时代来临时，在这种原始动力的推动下，真正的航天理论和实践得以迅速发展。

17～19 世纪主要科幻小说表

书名及出版时间	作者	国籍	说　　明
《梦想》1634 年	约翰内斯·开普勒	德国	作者借"精灵之口"描述了月球、月球现象、行星现象、星的视周期等。
《月中人》1638 年	歌德温	英国	作者幻想的产物、缺少科学根据，但唤起了人们对太空飞行的兴趣。
《月球世界上的发现》1638 年	威尔金斯	英国	书中介绍了对月球表面的推测，包括讨论了那里的人类及他们的特征等，并且严肃讨论了载人飞行问题，讨论了多种可能的飞行方法。
《月球之旅》1649 年	西拉诺·德·贝尔热拉	法国	作者以十分有趣而且近似科学的态度讨论了各种飞行的方法，其推理也有一定的逻辑性。
《关于多重世界的谈话》1686 年	丰特奈尔	法国	书中描写每个行星上都有居民，但由于环境不同，各行星上的居民的举止、行为、外表极不相同，他们都有各自的特点。
《金星之旅》1863 年	阿希利·埃劳德	法国	书中提到的反作用动力装置是对太空飞行原理科学的预测。
《从地球到月球》1865 年	儒勒·凡尔纳	法国	书中讲述了一群炮兵设计了一门超级大炮，并用大炮将乘坐用炮弹改造的宇宙飞船的三个旅行家送上月球轨道的故事。凡尔纳的《从地球到月球》是近现代科学幻想小说的代表作，小说中设计的宇宙飞船和发射装置都经过了严格的数学计算。

（续表）

书名及出版时间	作者	国籍	说　　明
《两个行星上》 1897 年	库尔德·拉斯维茨	德国	书中对光电感应器、光电池、轨道站、反作用电机、变轨控制的设想和描绘具有很强的科学性。

火箭：架起通向太空的桥梁

　　人类在实现自己飞行梦想的不断探索中，一次次进行着飞行的尝试，随着科学技术的发展，人们逐渐认识到航空与航天的不同。航空飞行器，不论飞机、气球，还是飞艇，都需要依靠空气的存在，没有了空气，所谓的飞行也就不可能实现。而航天之梦实现的原始基础就是火箭，火箭的飞行利用了动力学中的动量守恒原理，它不但能在空气中飞行，还可以在大气层外的真空中飞行，而且由于没有了空气阻力，在真空中的飞行性能更好。通过不断地尝试，人们逐渐认识到，要想进入太空，只有借助于喷气推进的火箭。

　　火箭是中国古代的重大发明。

　　火药是火箭产生喷射能量的基础，而火药正是中国古代四大发明之一。

　　据考证，中华的先民约在 28000 年前就发明了最原始的石镞弓箭。约在公元前 1 世纪，发明了硝雄体系火药，即硝石、雄黄混合剂火药。硝石、硫磺和木炭相混合的三元体系火药在隋代形成，并在唐代达到完善。炼丹家孙思邈在公元 682 年撰写的

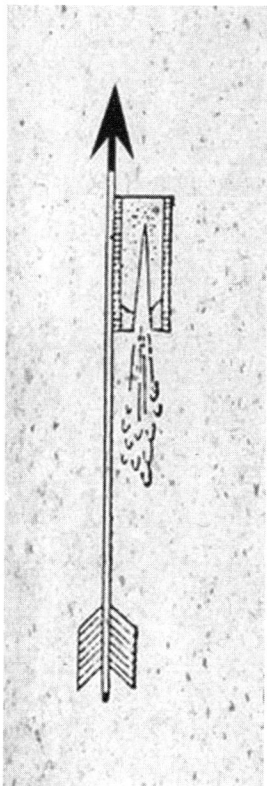

早期的火箭

《丹经》中就有类似于火药的配方。唐宣宗大中四年（公元850年）已出现用黑色火药制造的焰火，这应当是古代黑色火药火箭诞生的前奏。

"火箭"这个名称，在中国古代典籍中，最早的记载出现在三国时期（公元220～265年）。兵家曾在多次战役中使用火箭火攻之法。但当时使用的只是箭杆前部绑有易燃物，点燃后以弓弩射出的普通箭，即"燃烧箭"。

原始火药出现后，火箭迅速用于军事活动。

公元1128年南宋政权建立后，南宋、金和蒙古相互之间频繁交战，各方都使用了火器。1161年11月，金国侵略中原时，南宋军队第一次使用了火箭武器——"霹雳炮"重挫金军，这是人类历史上第一次在战场上使用火箭武器。连年的交战使火箭技术逐渐被金和蒙古所掌握，于是当时各方兵工厂的一个重要内容就是火药制造，在这种情况下，火药的配方有所改进，制造工艺渐趋成熟，其燃烧速度和爆炸力也得到增强。13世纪蒙古在先后三次的大举西征中，采用了南宋的火器技术，并用汉人工匠制造大炮。当时在欧洲战场使用的火箭已有多箭齐发的火箭筒，这种集束式火箭发挥了巨大的威力，使欧洲人大为吃惊。在这几次西征中，阿拉伯人从中掌握了火药和火箭的技术，并进一步把它传入了西方。

古时的双节火箭

明代中国火箭的发展进入了一个比较重要的时期，出现了很多种类的火箭，除了单级火箭，还发展了各种集束火箭、火箭弹和原始的多级火箭，并且对各种火箭的制造、应用、配备和发射剂原料配比及加工制造等都作了详尽的描述。在当时的水、步、骑兵中，火箭武器已作为必备的武器，甚至还有专门的火箭部队，有关火箭武器的使用、布阵、作战技术和管理也都有条例规定。明代的《武备志》中曾有过这些火箭的记载。

明代的火箭虽然种类繁多，但其发展主要体现在火箭样式的更新上，有关火箭的尺寸、规格、装药剂量、发射距离方面却少有讨论。而在火箭的稳定性方面，仍然是传统的箭杆加羽毛方式，精度不能得到显著的提高，这就使火箭的尺寸和射程难以提高。进入清代，火箭虽然也有一定的发展，但其发展基本停留在原地。一方面，这是因为长时间的和平以及封建君主所推行的封闭政策的影响，但从技术的发展来看，主要还是缺少相应科学知识的指导。纵观中国古代火箭技术的发展过程，所走的基本是经验式的道路，没有对火药的燃烧机理、火箭的推进原理、箭羽的稳定原理等问题进行深入的研究，仍局限于用阴阳五行说来解释爆炸原理，这就使得火箭技术难以实现较大改进。

火箭技术在13世纪传入阿拉伯国家后，又逐渐传入欧洲，意、法、德、波兰、英、俄等国。出于战争的需要，这些国家在使用火箭的过程中，深入研究火药配比，火箭形状、大小及稳定装置和火箭材料，并在这些方面进行了重大改进。很快欧洲的火箭在重量、射程和精度等方面就超过了中国火箭。公元18世纪初（大约清康熙至雍正年间），波兰就已生产出了重达22.7千克甚至54.4千克的大型火箭，德国也试验了多种带导向杆的重45.4千克的火箭。

但有趣的是，正如火箭没有在它的故乡中国得到巨大发展一样，对欧洲近代火箭技术发展产生巨大影响的不是那些较早使用火箭武器的欧洲国家，而是英国。这里不能不提的就是威廉·康格里夫研制的火箭，"康格里夫火箭"并不是欧洲大陆火箭技术发展的必然结果，也很少受到其影响，它主要借鉴的是印度的火箭技术。

　　康格里夫研制的火箭在射程、精度及稳定方式上几乎达到了火药火箭的极限。由于其巨大的杀伤力，各国纷纷开始重视火箭的研究和使用。此后，战争火箭的另一项重大进步就是稳定性的提高。19世纪中叶，英国的发明家威廉·黑尔在火箭的尾部装上3只倾斜的稳定螺旋板，当火箭发射时，空气动力的作用使火箭自身旋转从而达到稳定。到第二次世界大战为止，火药火箭的发展已臻于完善。它的基本结构是由装有火药的火箭筒，中间装有发射药作为推进剂，头部装有高爆炸药和引信，尾部为喷口，另外采用尾部稳定翼起稳定作用，在发射装置上采用发射架或发射筒而组成的。比较著名的就是苏联的火箭炮——喀秋莎。

　　火药火箭是第一种实用的反作用推进装置，虽然有许多证据证明它不是理想的太空运载工具，但它的基本工作原理却完全适用于航天运载工具的需要，这样，运用火箭作为宇宙航行基本运载工具的想法在先驱者脑中逐步酝酿。后来液体燃料火箭出现，进一步为航天推进器的实现提供了可靠的技术保证，也让航天先驱者看到了使用火箭来完成航天运载的曙光。经过不断地研究和试验，火箭作为太空飞行的推进装置逐渐得到证实，最终为人类通向太空架起了桥梁。

知识点

动量守恒定律

　　动量守恒，是最早发现的一条守恒定律，它源于十六、七世纪西欧的哲学思想，法国哲学家兼数学、物理学家笛卡尔，对这一定律的发现做出了重要贡献。如果一个系统不受外力或所受外力的矢量和为零，那么这个系统的总动量保持不变，这个结论叫做动量守恒定律。动量守恒定律是自然界中最重要最普遍的守恒定律之一，它既适用于宏观物体，也适用于微观粒子；既适用于低速运动物体，也适用于高速运动物体。

戈达德与液体火箭的升空

罗伯特·戈达德，是美国最早的火箭发动机发明家，被公认为现代火箭技术之父。

戈达德1882年10月5日出生于美国马萨诸塞州伍斯特城的一个英格兰后裔家庭。戈达德的父亲厄内姆·戈达德思想开明且具有创造才能。他们家很早就安装了电灯，并买了当时还算是奢侈品的留声机。这两件东西几乎使幼年的戈达德完全着了迷，少年戈达德的脑子里经常会冒出一些奇思异想。对未知世界的强烈好奇使戈达德在学习上刻苦努力。由于喜欢追求新奇的东西，他一直热衷于阅读神奇的科学幻想小说，凡尔纳的《从地球到月球》以及威尔斯的《星际战

戈达德和他的火箭

争》使他在少年时期就对太空飞行产生无限渴望。

1904年，22岁的戈达德考入伍斯特综合技术学院。他把志向定在自己喜爱的物理学上。他的丰富想象力和好奇心在学校里是出了名的。1908年他在该校毕业，获科学学士学位。不久，他又进入克拉克大学攻读硕士学位，1910年获硕士学位，第二年获得博士学位。此后，他的主要精力都用在了火箭研究上。他在的笔记本上写下了大量研究心得、数学计算和公式推导，形成了火箭运动理论的初步框架。

1921年12月，戈达德完成了第一台液体火箭发动机的研制，下面是戈达德在液体火箭研究方面所取得的里程碑式的成就：

1925年12月6日，火箭发动机成功点火工作了24秒；

1926年3月26日，第一枚液体火箭发射试验成功；

1926 年 4 月 3 日，第二枚液体火箭发射试验成功，飞行高度 16 米；

1929 年 7 月 17 日，第四枚液体火箭发射试验成功，飞行了 53 米；

1930 年 12 月 30 日，第五枚液体火箭发射试验成功，飞行高度 600 米；

1932 年 4 月 19 日，首次采用陀螺控制燃气舵的火箭飞行试验成功；

1935 年 3 月 8 日，安装降落伞的火箭试验成功并首次超过音速；

1935 年 3 月 28 日，液体火箭飞行高度达到 1450 米；

1935 年 5 月 31 日，首次在火箭上安装了高度计，飞行高度达到 2330 米；

1935 年 12 月 17 日，液体火箭发动机在工作时推力达到了 214 千克；

1941 年 1 月 6 日，新的发动机的推力达到了 447 千克。

戈达德虽然成功地发射了世界上第一枚液体火箭，但最初并没有引起美国政府的重视和支持，所以到他逝世时美国的火箭技术还远远落后于德国。直到 1961 年苏联宇航员加加林上天后，美国才发表了戈达德 30 年来研究液体火箭的全部报告。后来，他被誉为美国的"火箭之父"，美国宇航局的一座空间飞行中心被命名为"戈达德空间研究中心"。

但他的一生却是孤独而不被人理解的。勇敢的戈达德毫不气馁，在理论和实践上做了很多工作，向怀疑他设想的人们表明未来的整个航天事业都将建基于火箭技术之上。他也因此而当之无愧地被称为"现代火箭之父"。

戈达德的一生是坎坷而英勇的一生。他所留下的报告、文章和大量笔记是一笔巨大的财富。对于他的工作，冯·布劳恩曾这样评价过："在火箭发展史上，戈达德博士是无所匹敌的，在液体火箭的设计、建造和发射上，他走在了每一个人的前面，而正是液体火箭铺平了探索空间的道路。当戈达德在完成他那些最伟大工作的时候，我们这些火箭和空间事业上的后来者，才仅仅开始蹒跚学步。"

走进航天时代

伴随着戈达德博士液体火箭的升空，人类揭开了航天时代的序幕。20 世纪 20 ~ 30 年代，在航天先驱的影响和激励下，欧美许多国家自发成立了有关火箭研究和太空飞行的研究协会或相关组织。这些火箭协会和研究组织在成立的初期，基本上都没有得到官方的资助和支持，但他们仍在极端困难的条件下，进行了大量的火箭研制和航天学理论的发展工作，为液体火箭的发展做出了很大贡献。在航天学基本理论建立直至第二次世界大战中德国液体火箭技术到达高峰这一段时间，这些组织起到了重要的承上启下作用。

20 世纪 20、30 年代著名的火箭协会

名　　称	存在时间	成　　果
德国的星际航行协会	1927～1933 年	23 次火箭和太空飞行展览，进行了 270 次火箭发动机点火试验，进行了 87 次火箭发射试验。
美国火箭学会	1930～1947 年	主要为火箭及发动机研制，火箭主要有 ARS1～ARS 4。
英国星际航行协会	1933 年至今	主要从事基础研究工作。

第一次世界大战后，德国作为战败国，由于《凡尔赛和约》的限制，不能大规模发展作战飞机、坦克、大炮和机枪等军事装备，尤其对陆军装备的限制更加严格，这就促使德国军队开始寻找新的不受和约条款的限制的武器系统。因此，早在 20 世纪 20 年代德国陆军就开始筹建官方的火箭研制组织，抽调专人研究火箭的未来发展潜力和用于战争的可能性。由于得到政府的支持，这就有了其他国家无法比拟的优越性，同时，德国陆军多方寻求研究人员，从研究机构调集技术骨干，最终促成德国火箭技术的飞速发展。

在陆军炮兵局卡尔·贝克尔少将的支持下，1930 年陆军部召开了正式的火箭武器研

V－2 导弹

制会议，标志着德国官方军事火箭计划的开始。在负责火箭具体研究工作的多恩伯格上尉的努力下，德国星际航行协会的一批研究人员，如冯·布劳恩、鲁道夫·内贝尔、克劳斯·里德尔、瓦尔特·里德尔等也加入了该计划，最终于 1932 年底组成了由多恩伯格、冯·布劳思、瓦尔特·里德尔和海因里希·格鲁诺所领导的火箭研究小组，并于 1936～1938 年建立了著名的佩内明德火箭基地。该研究小组成立后，设计、生产了集合体系列火箭（A－1～A－12），其中 A－4 即第二次世界大战末期德国所使用的 V－2 导弹。

在研究 A 系列火箭的过程中，冯·布劳恩等人以科学的态度同时进行着认真的太空探索，他们利用军队的拨款，进行了大量的空间飞行尝试。在第二次世界大战后期，冯·布劳恩、多恩伯格等人曾制定了有关载人宇宙飞船的机密计划——"小组计划"，即 A－9 和 A－10 计划。该计划不仅希望设计大型的洲际弹道导弹，而且探索了载人飞行运载工具的问题。这些专家还设计了航天运载火箭，他们曾经设想在 A－9 基础上，加装一个大型火箭，从而使火箭达到 3 级推进，估计就可以将一个驾驶员舱送入轨道。虽然这些设想由于战争的变化都不可能得到实现，但已经为航天技术提供了一种可行的方案。

二战后西方各国由于看到 V－2 导弹在战争中的威力，因此不同程度地开展了洲际导弹的研究计划，尤其美苏两国出于各自利益需要，在导弹和航天领域展开了激烈的竞争。

"斯普特尼克" 1 号人造地球卫星

苏联战前的火箭技术在各方面已经有了重大突破，拥有一批火箭专家，这就为战后苏联火箭、导弹和航天技术的发展奠定了良好的基础。同时由于"冷战"格局的逐渐形成，苏联所制定的战略思想中对当时各项具有军事意义的新技术，包括火箭技术给予了高度的重视。为了发展核威慑力量，苏联制定了发展洲际弹道导弹的计划，通过对德国 V-2 导弹的研究和仿制，苏联开始研究设计自己的洲际导弹，最终于 1957 年 8 月 21 日成功地发射了 P-7（P 为俄文"胜利者"第一个字母）洲际导弹。因为洲际导弹的出现在很大程度上依赖于火箭技术的发展，所以它的成功在客观上也为发展航天事业直接或间接地奠定了重要的技术基础。接着由科罗廖夫为主的研究小组为了发射人造卫星并达到第一宇宙速度，对 P-7 导弹进行改进，成功研制了斯普特尼克号运载火箭。1957 年 10 月 4 日晚，这枚火箭携带着世界上第一颗人造地球卫星"斯普特尼克"1 号（CⅡ-1）在苏联的拜科努尔航天发射场发射成功，标志着人类航天时代的真正到来。

在苏联开展战略导弹、运载火箭和人造卫星计划这一期间，美国同样在进行着航天技术的探索，国防部、陆海空三军以及一些科学机构开展了多项导弹、火箭及卫星计划，先后就人造卫星运载火箭研制的可能性和潜在的科学技术及军事价值进行了广泛的研究和讨论。但一方面由于美国政府及军事机构在发展战略武器思想上的错误，人造卫星和运载火箭研究长期没有进入实质性阶段；另一方面由于各计划的开展都是在不同的部门或部门间开展的，没有一个高度统一的部门负责，造成人才、资金、设备等资源的分散和浪费，所以美国在运载火箭及人造卫星的发展中落后于苏联。直至 1958 年 1 月 31 日，才在卡纳维拉尔角，由"丘比特"1 号火箭将"探险者"1 号卫星送入太空。

美苏运载火箭、人造卫星技术的发展虽然是两国军备竞赛下的产物，但在人类的历史长河中，他们在航天领域所取得的每一项进展作为世界科技文化的一部分同样也是对人类历史的贡献，谱写了世界航天史的新篇章。继美苏成功地发射了第一颗人造卫星后，其他一些国家也开始根据自己的国情制定各自的航天发展计划，并取得了极大的成功。航天技术的研发方向也由最初的军事目的逐渐转向民用，各国相继发展了包括通信卫星、气象卫星、资源卫星等应用卫星，并相应地改进、发展了运载火箭，提高它的可靠性和运载能力。正因为这些航天技术的出现，我们的社会文化和生活发生了革命性的变化，也看到实现千百年以来的梦想——载人太空飞行的可能，随着新技术的出现，我们最终实现了这个梦想，在宇宙中舞起我们的长袖。

知识点

战略导弹

战略导弹是指用于打击战略目标的导弹。进攻性战略导弹，通常射程在1000千米以上，携带核弹头或常规弹头，主要用于打击敌方政治经济中心、军事和工业基地、核武器库、交通枢纽，以及拦截对方来袭的战略弹道导弹等重要目标。战略导弹是战略核武器的主要组成部分。

成熟的载人航天系统

太空中的环境与我们现在所生活的环境是截然不同的，由于几乎没有了地球引力、大气的存在，再加上太空的环境极其恶劣，如果没有一套系统的支持，那么人类是不可能在太空中生存的。因此世界各国都在积极地开展载人航天活动，发展载人航天技术，而载人航天技术最集中的体现就是载人航天系统。

载人航天系统的组成

任何事物都不是单独存在的，一个事物的存在总是依赖于相关的其他事物，比如航空飞行器的飞行，要依赖可以起落的机场、驾驶员或自动控制仪器的操纵以及地面人员对空中的交通管理等等。载人航天作为一个复杂的系统同样也包括很多部分，这个系统首先包括载人航天器和运载火箭；为了发射和回收载人航天器还需要有发射场、着陆场；对航天器而言，我们需要知道它的位置、轨道，要对其进行跟踪、轨道测量、遥控和通信，这就要靠测控和通信系统来完成；此外还包括应用系统以及地面保障设施；最重要的还有保障航天员安全、健康所必需的航天员系统。

载人航天器

根据用途、使用情况来看，载人航天器大致有三种类型：载人飞船、航天飞机、空间站，这三种航天器分别执行不同的任务。从使用情况看，载人飞船可作为载人往返的运输工具，也可作为空间站机组人员的应急救生艇；航天飞机既可运送人员往返也可运货；空间站则是我们在太空中进行科学研究或活动的一个基地。各国在发展自己的航天器计划时，除了把它作为自己综合国力的体现，更重要的考虑因素还包括投入和收益比，以及航天器的用途。

（1）载人飞船

人类载人航天事业起步于20世纪50、60年代。1961年4月12日，27岁的苏联航天员尤里·加加林乘坐人类第一艘载人飞船"东方"1号在离地面181000米的轨道上，绕地球飞行一周，108分钟后安全返回地面，揭开了人类载人航天的历史篇章。

"神舟"7号载人飞船

载人飞船，又称宇宙飞船，即用多级火箭做运载工具，从地球发射的可在宇宙飞行并安全返回的一次性使用的载人航天器。它能基本保证航天员在太空中短期生活并进行一定的工作。它的运行时间一般是几天到半个月。

载人飞船一般由三部分组成，第一段为推进舱，也称服务舱，为飞船提供电源、动力支持；第二段为返回舱，为飞船航天员升空和返回时提供安全可靠的环境支持；第三段是轨道舱，为有效载荷的各种科学试验提供保障。

载人飞船具有多种用途，主要有：进行近地轨道飞行，试验各种载人航天技术，如轨道交会、对接和航天员在轨道上出舱、进入太空等活动；考察轨道上失重和空间辐射等因素对人体的影响，发展航天医学；进行载人登月飞行；为航天站接送人员和运送物资；进行军事侦察和地球资源勘测；进行临时性的天文观测等。

（2）航天飞机

"奋进号"航天飞机

航天飞机以火箭发动机为动力发射到太空，能在轨道上运行，且可以往返于地球表面和近地轨道之间，可以部分重复使用。它由轨道器、固体燃料助推火箭和外贮箱三大部分组成。从功能上讲，航天飞机能够用于人造卫星等有效载荷的发射，能够像飞船一样搭载航天员进行航天飞行，能够像小型空间站那样开展各类空间科学研究与实验，因此它同时具备运载火箭、宇宙飞船、空间站的功能，因而被称为航天多面手。

在综合了上述各类发射工具和航天器能力之外，它还具有一些独特的能力，比如一次发射载荷的数量更多；一次承载航天员人数比飞船更多。航天飞机中的航天员包括驾驶员、任务专家和有效载荷专家，一般的人数是 7 人；能够处于常备状态，可以迅速发射以应对轨道上的突发事件；对航天员的要求降低，普通人也可参加航天飞行；能够为长期性空间站提供更好的服务等等。

国际空间站

（3）空间站

载人空间站是在近地轨道上运行的有人居住的设施，其用途可以从小型实验室扩展到具有加工生产、对天对地观测及星际飞行运转等综合功能的大型轨道基地。

载人航天器的运行因为完全脱离了大气层，在与地球完全不同的环境中运行，一旦运行中出现了问题将会直接威胁到航天员的安全，所以载人航天器必须解决一系列极其复杂的问题，比如实现运动的控制、维持航天员生命活动的正常条件、保证规定的工作温度、为在轨装置提供电能、向地面传送遥测信息等等。为了完成这些任务，航天器里有专用的在轨系统、发动机装置、机电等其他设备。航天技术中把这些设备划分成不同的子系统，有十几种之多，而每个子系统又都是相当复杂的。

运载火箭的捆绑技术

运载火箭

运载火箭是由多级火箭组成的航天运载工具，其用途是把人造卫星、载人飞船、空间站或空间探测器等有效载荷送入预定轨道。它一般由 2～4 级火箭组成。火箭每一级都有自己的箭体结构和动力装置。级与级之间靠级间段连接。末级有仪器舱，内装制导与控制系统、遥测系统以及安全系统。有效载荷装在仪器舱上面，外面套有整流罩。

早期的运载火箭大多数是由弹道式导弹改进而成，后来为适应不同航天发射任务的需要，专门研制了系列化的运载火箭。许多运载火箭的第一级外围捆绑有火箭助推器。助推器可以是固体或液体火箭，其数量可根据运载能力的需要来选择。

无论是固体运载火箭还是液体运载火箭，单级运载火箭还是多级运载火箭，其主要的组成部分都有结构系统、动力装置系统和控制系统。这三大系统被称为运载火箭的主系统。主系统工作的可靠与否，将直接影响到运载火箭飞行的成败。此外，运载火箭上还有一些不直接影响飞行成败并由箭上设备与地面设备共同组成的系统，如遥测系统、外弹道测量系统、安全系统和瞄准系统等。

发射场

我们看到飞机的升空需要一个专门的机场，用来使它达到起飞速度，从而获得足够的升力。同样航天器的升空也需要特定的场址，即通常所说的发射场。发射场内具有整套的试验设施和设备，航天器的装配、储存、监测和发射都在这里进行；发射后测量飞行轨道、发送控制指令、接收和处理遥测信息，也是在这里完成。载人航天器发射场还包括航天员在空间飞行前留住和体检的设施。

由于载人航天器的特殊性，其发射场的场址选择要根据载人航天器发射试验技术的特点和安全要求来确定。发射场场址的选择，有着十分复杂的综合性要求。如它应靠近工业区，这样有方便的交通条件，但又应远离人口稠密的地区，这样利于缩小出现发射失败所造成的地面损失；它要求雷雨少、湿度小、风速低、温差变化不大的地方，又要有丰富的水源，一般处于赤道的低纬度地区；它要求地质坚实，有较好的安全条件，又要求地势平坦开阔，有良好的布局和发射条件等。

着陆场

载人飞船返回舱进入着陆状态要与地面的系统进行通信，地面人员需要迅速地估计和测量出着陆点，当航天器落地（有可能是海中）后地面人员要及时地赶到那里，营救航天员以及回收返回舱，并对返回舱内的有效载荷进行处置。

航天器的着陆因为其返回方式的不同导致不能使用它的发射场来着陆。为了使航天员安全可靠地着陆，必须建设返回用的着陆场。着陆场在我们看来就是一片广袤的草原或是无际的大海，看不出与其他的草原、海洋有什么区别，但实际上这些着陆场都是经过了计算、综合考虑多方面因素才选定的。

比如，着陆场的选择要便于综合使用本国的航天测控与通信网；要有足够大的场地面积，以适应较大落点偏差的情况；要根据本国的地域特点和国情选择陆地着陆还是海上着陆。

中国工程师在内蒙古四子王旗着陆场回收"神舟"六号飞船返回舱

我国在进行"神舟"飞船的试验时根据本国国情和飞船运行轨道特点，在内蒙古草原上建造了主着陆场，拥有回收1号、回收2号搜索雷达，并组建了直升机分队和地面搜索分队，配备跟踪、通信、运输、救护等设施，保证了神舟无人试验飞船的安全着陆和顺利回收。

测控和通信系统

载人飞船的在轨运行离不开地面支持。地面与航天器要通过测控与通信系统保持联系。测控与通信系统一般由轨道测量、遥测、遥控、火箭安全控制、航天员逃逸救生控制、计算机系统及监控、船地间通信和地面通信等设备组成。

应用系统及地面保障设施

载人航天器的应用系统是指在太空中直接执行特定科学研究任务或开展其他活动的设备、仪器。

人类进入太空是为了寻找更广阔的活动空间，载人航天器使人类具备了遨游太空的条件，作为工具，它使我们可以更好地探索空间。但载人航天器不是我们的根本目的，就像计算机为我们的工作生活提供了便利，航天器同样为我们进行太空探索提供了一条便利的通道。

➡ **知识点**

引　力

引力是质量的固有本质之一。每一个物体必然与另一个物体互相吸引。尽管引力的本质还有待确定，但人们早已觉察到了它的存在和作用。地表的物体，无一例外地被吸引朝向地球质量的中心。因为在地球表面上的任何物体，与地球本身的质量相比，实在是微不足道的。

未来的载人航天设想

对于未来的载人航天，专家们已经提出了各种设想，其中一种分 4 步走的方案非常引人注目，它就像一部交响乐的 4 个乐章，向人类展现出美好的前景。

第 1 步就是在 2010 年前建成"国际空间站"（曾称"阿尔法"——α，希腊字母，表示第一），使 6 名航天员在上面长期工作。此后再建造第 2 代国际空间站——"贝塔"（β，希腊字母，表示第二），这一计划即将启动，它可作为更长期的宇宙飞行的中转站。

第 2 步是建立空间基地或太空城。空间基地或太空城是在空间站的基础上发展和扩大起来的。除具有空间站的全部功能外，还能对其他航天器进行加注、维修、更换仪器等在轨服务。为此，它配有轨道机动飞行器、轨道转移飞行器等。维修服务站是其中重要的设施之一，站上有移动服务系统和各种维修工具，可用来装配大型空间结构，充分发挥人的作用。在空间基地上还可建造空间工厂和旅馆，生产特殊材料和药品，接待游客等，使载人航天进入真正的应用阶段。

第 3 步是建立月球基地。月球上蕴藏着丰富的资源，尤其是拥有地球上没有的核燃料氦 3，如用它取代核聚变中的氘，不仅能解决能源危机，还可减少核污染。据分析，月球上氦 3 的蕴藏量达几百万吨，其总能量相当于地球上有史以来开发的所有矿物燃料的 10 倍。仅数十吨氦 3 核聚变所产生的能量就可以满足地球 21 世纪所需的全部电能。

第 4 步就是最为壮观的载人火星飞行，它可称得上是人类载人航天事业中登峰造极的一步。因为火星是与地球最相似且距地球最近的行星，研究它对认识地球本身和整个太阳系都有重要意义，尤其是对揭开生命的起源和演化很有帮助。在 21 世纪还有可能建立火星城市，向火星移民。

现在，人类面临的人口、能源等许多问题需要通过发展载人航天技术来从根本上解决，这既是挑战，又是机遇。

未来的载人航天领域还有许多前景远大的新技术有待开发，例如，建造巨大的空间太阳能电站、开办空间工厂、进行太空材料生产、太空制药等，制造地面上无法或极难生产的产品，它可能在医药、光学玻璃、电子器件、磁性材料、工业化工具、新型材料以及加工工艺等方面带来新的工业革命。

随着"国际空间站"的研制和发射，空间产品的实验、加工、生产以及商业化将跃上一个新台阶，太空工业化的初级阶段将得以实现。

进入太空的飞船

JINRU TAIKONG DE FEICHUAN

尽管人类飞出地球的梦想很早就存在了，但直到1961年4月12日这个梦想才得以实现。这一天，苏联航天员加加林乘坐"东方"1号宇宙飞船绕地球飞行108分钟后安全返回地面，开辟了人类载人航天的新时代。

宇宙飞船是一种运送航天员、货物到达太空并安全返回的一次性使用的航天器。它能基本保证航天员在太空中短期生活并进行一定的工作。它的运行时间一般是几天到半个月，一般乘2到3名航天员。至今，人类已先后研究制出三种构型的宇宙飞船，即单舱型、双舱型和三舱型，美、苏/俄共有6个系列的载人飞船："东方号"、"上升号"、"联盟号"、"水星号"、"双子星号"和"阿波罗号"，并且新一代宇宙飞船"奥赖恩号"也正在加紧研制。而中国的"神舟号"宇宙飞船也引起了世人的瞩目。

奠基太空飞行

嫦娥奔月、牛郎织女等神话传说，都反映了人类登天飞行的美好愿望。火箭技术的发展，终于使人类有了遨游太空的飞天之车。载人太空飞行最能激发人们的想象，使人激动，体现了人类的智慧和奋斗精神。因此20世纪初，众多的火箭先驱者都将载人太空飞行作为最终的努力方向。人造卫星研制发射成功后，把人送上太空就成了航天时代到来后的一个十分重要的目标。载人航天飞行的梦想，就要变成现实了。

但是，把人送上太空和发射卫星完全不同。人的生命是最宝贵的，而太空环境又是非常险恶的。太空没有空气，飞船稍有泄漏就会危及宇航员的生命；太空温差极大，保温做得不好也极为危险；太空充满了有害辐射，需要采取非常可靠的防护措施；太空有大量微小流星，会对飞船造成意料不到的破坏；从太空回到地球非常困难，返回技术掌握不好，宇航员很可能在返回时随飞船一起化为灰烬。所有这些，都要求人类在载人航天计划中做大量仔细的工作，确保万无一失。

太空狗"莱卡"

20世纪40年代末50年代初，美苏相继进行了将生物送入高空或太空的实验。苏联在发射第一颗人造卫星后的一个月，又发射了一枚人造卫星，这枚人造卫星中乘坐着进入太空的第一个"航天员"——小狗"莱卡"。在太空中的这段时间，"莱卡"生活在卫星中的一个小舱里，不用担心空气、食物和水的供应，它的一切状况通过无线电遥测直接传送到地面。从地面上可以看到，从卫星点火、发射、加速、入轨直到失重等飞行条件下，"莱卡"的状态一直很好，但可惜的是，因为当时没有解决飞行器的再入回收问题，所以"莱卡"在轨道上飞行一周后无病死亡。但它的飞行已经直接地说明了航天器内的条件对生命不会造成威胁。

此外，典型的高级动物航天试验还有猴子、黑猩猩的飞行。1961 年 11 月 29 日，黑猩猩"恩诺思"在美国的载人飞船水星号上完成了一次重要飞行，绕地两圈的飞行过程中，"恩诺思"吃了食物，并完成了几项已经训练好的心理学试验。在飞行结束时，由于系统出现故障，舱内温度曾高达 40℃，但还是顺利返回了地面，"恩诺思"幸免于难。之后生物学专家们对"思诺思"进行了认真细致的观察和生物遗传学研究。

在这一系列飞行试验的基础上，航天医学专家基本获得了原本希望的结果，认为太空飞行对人体不会有太大的威胁，于是开始考虑将人送上太空。

知识点

人类解决太空温差的方法

在外太空，飞船的船身容易受热怎么解决？科学家们受到了蝴蝶翅膀的启迪，在蝴蝶翅膀上有一种粉末可以阻挡太阳光，而且蝴蝶翅膀上有一些小隙缝，在热时可以张开给翅膀透气，冷时则紧紧地裹住翅膀。科学家们因此研制出了一种飞船外壳，既能承受几百度高温，又能阻挡零下一百多度的寒冷，使飞船内部保持恒温。

首次飞出抛球的飞船

20 世纪 50 年代末期，赫鲁晓夫从"斯普特尼克"1 号卫星的成功发射中，清楚地认识到航天技术的发展对苏联国际地位的提高会起到很大的作用，而且在外交台面上，如果有了这张王牌，还可以增加自己谈判的筹码，因此他积极地支持苏联的太空计划。与此同时，航天专家们也清楚地知道，美国无论在卫星还是运载火箭的技术上绝不逊于自己，如果不继续努力，很有可能就会被超过。实际上在 1958 年以后，美国发射人造卫星的数量和获得的科学成就已经超过了苏联。

1958 年，苏联先后进行了多种不同方案的可行性研究。对于首次载人太空飞行应采取何种形式有两种观点。一种主张像美国那样，采取亚轨道形式，飞船只在地球轨道上飞行一段，而不是飞行一周。持这种观点的人认为，亚轨道飞行可以充分利用现有的技术成果，能保证较高的安全性；利用亚轨道飞行取得的经验可以为下一步轨道飞行创造条件。另一种观点则主张首次飞行就应采取轨道方式。经过一番热烈的讨论，在科罗廖夫的支持下，最后决定直接进行轨道飞行，理由是：第一，从硬件发展上看，亚轨道飞行几乎要做与轨道飞行完全相同的工作，难易程度并没有很大差别；第二，轨道飞行面临的重大问题无非是长时间的失重和太阳辐射及流星体的影响，这些问题可通过几次不载人实验加以认识；第三，亚轨道飞行也要解决最关键的再入和回收这一难题，从安全上看，这两种飞行方式差别并不大；第四，亚轨道飞行的成果比轨道飞行逊色得多。

"东方"号载人宇宙飞船系统方案的详细技术评价工作于 1958 年 11 月开始。到 1959 年初，第一艘载人飞船开始实施设计。与此同时，飞船各部分系统的设计工作也分头进行。这些工作包括高度控制、通信、轨道转移等分系统设计。到 1959 年底，飞船的设计工作全部结束。

"东方"号飞船由两部分组成。飞船上端是球形乘员舱，直径 2.3 米，质量约 2.46 吨，乘员舱外部有两根遥控天线和顶端安装的通信天线，通信电线下端是一个小型通信电子设备舱。乘员舱侧旁有一个观察窗和一个弹射窗，内部除装有生命保障系统及食物外，还有一台电视摄像机，一个光学定向装置，一个宇航员观测装置和宇航员应答装置。按计划，宇航员在飞行过程中一直躺在弹射座椅上，生命保障系统可供宇航员生存 10 昼夜。飞船下端是仪器舱，是一个圆台圆锥结合体，最大直径 2.43 米，高 2.25 米，质量 2.27 吨。气瓶下面是圆台形仪器舱，再往下则是反推发动机和推进剂贮箱。反推火箭用于飞船再入前变轨制动，能把飞船的速度减到 155 米每秒。

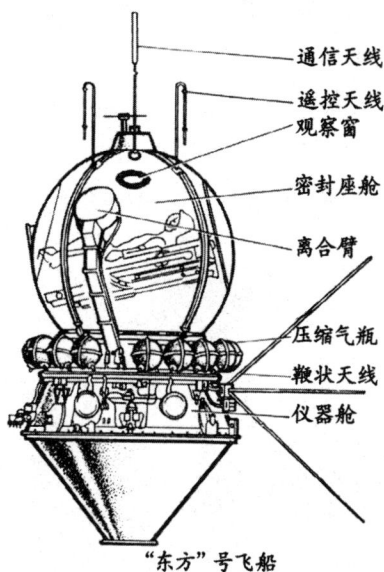

通信天线
遥控天线
观察窗
密封座舱
离合臂
压缩气瓶
鞭状天线
仪器舱

"东方"号飞船

"东方"号飞船结构

载人飞行必须保证宇航员的绝对安全。为此，"东方"号飞船的飞行轨道设计有一个突出的特点：近地点只有 180 千米。在这样低的高度上，大气对飞船运行轨道的衰减影响十分厉害，但也有几大优点：第一，一旦制动火箭系统失灵，飞船可以在 10 天内逐渐衰减降低轨道，最终以不大的速度返回地面；第二，飞船设计可以不必考虑复杂的轨道保持系统，简化了设计；第三，由于飞船不是垂直高速再入而是缓慢地大倾角再入，因而使烧蚀防热设计更简单。当然这种轨道设计也有一个严重缺点：飞船的再入和着陆地点很难预测。

1960 年 5 月 15 日，第一艘"东方"号飞船发射，进行制动火箭工作情况试验。由于不回收，飞船没有装防热烧蚀层。飞船在轨道上共飞行了 3 天。5 月 18 日按计划试验反推减速火箭，但由于点火时飞船的方向差了 180°，结果飞船未能返回地球。1960 年 7 月 23 日，另一艘飞船发射失败。1960 年 8 月 19 日，第三艘飞船发射。这是一次完整的试验，要考察发射、入轨及回收全过程的性能，为此飞船上载有两只小狗。"东方"号飞船在轨道上飞行了约 1

天的时间后，安全返回地面。载有动物的小舱室弹出舱外并安全回收，试验取得圆满成功。然而后面的两次试验却遭到失败，一次是 12 月 1 日，另一次是 12 月下旬。前一次在回收时，飞船未能承受住气动加热烧毁；后一次飞船未能入轨。两次失败给科罗廖夫带来沉重打击，导致他心脏病发作入院。为了保证宇航员的安全，苏联不得不决定对飞船进行重新设计审查。

"东方"号飞船在正式载人飞行之前，已经进行了 7 次不载人实验

　　1961 年 3 月，3 艘"东方"号飞船运抵丘拉坦发射场，前两艘计划用于补充不载人试验，第三艘正式用于载人飞行。1961 年 3 月 9 日和 3 月 25 日，两艘飞船先后搭载一只小狗进行了飞行试验。在整个试验过程中，遥测结果表明飞船和试验动物一切正常。最后飞船均安全再入并成功回收。这些成功预示着载人轨道飞行即将开始。

　　1961 年 4 月 3 日，苏联政府正式批准进行载人轨道飞行。第一次飞行任务由宇航员尤里·加加林担任。1961 年 4 月 12 日莫斯科时间 9 时 7 分，一枚"东方"号运载火箭将加加林乘坐的"东方"1 号飞船发射升空。发射过程正常，经过 14 分钟的飞行，飞船连同火箭第三级一同进入近地点 180 千米、远地点 230 千米的地球轨道。经过 1 小时 4 分钟的飞行，飞船绕地球运行一周，然后反推发动机点火，飞船降低轨道准备再入。10 分钟后，飞船下降舱分离并进入大气层。当下降舱距地面 7200 米高时，加加林被弹射出舱，最后降落在萨拉托夫地区恩格尔城西南 26 千米处。

加加林首次太空飞行的成功具有重大的历史意义。它实现了人类千百年来登天飞行的理想，把 20 世纪初伟大的航天先驱者们的理论变成了现实。加加林绕地球飞行一圈还有着无可辩驳的科学意义，它证明了人类在短时间失重状态下完全可以正常生活。加加林后来回忆说："当失重出现时，我的感觉好极了。任何事情都很容易去做。真是不可思议，腿和胳膊感觉不到质量，物体在座舱内飘浮，我也离开了座椅，悬在了半空。"他在描述从舷窗看到的景象时说："我第一次亲眼见到了地球表面形状。地平线呈现出一片异常美丽的景色，淡蓝色的晕圈环抱着地球，与黑色的天空交融在一起。天空中，群星灿烂，轮廓分明。但是，当我离开地球的黑夜时，地平线变成了一条鲜橙色的窄带，这条窄带接着变成了蓝色，复而又成了深黑色……"。

继加加林之后，"东方"号飞船又进行了 5 次载人轨道飞行。1961 年 8 月 6 日，宇航员季托夫乘坐"东方"2 号飞船进入地球轨道，完成了整整一天的太空飞行。1962 年 8 月 11 日，宇航员尼古拉耶夫乘"东方"3 号飞船进入地球轨道。这次飞行持续了近 4 天。在他进入轨道的第二天，"东方"4 号飞船也进入了地球轨道。两艘飞船进行了编队飞行。8 月 15 日，两艘飞船先后安全返回地面。1963 年 6 月 14 日，宇航员比耶科夫斯基驾驶"东方"5 号飞船升空。16 日，世界上第一位女宇航员捷列什科娃乘坐"东方"6 号飞船升空。这两艘飞船除各自进行生物医学实验和对地观察任务外，也进行了编队飞行，最近距离只有 5 千米。6 月 19 日，"东方"5 号和"东方"6 号飞船安全返回地面。这次飞行，宇航员比耶科夫斯基创造了留空时间 119 小时的记录。

苏联还计划在 1963 年夏进行"东方"7 号的飞行。但由于计划调整，这次飞行被取消了。作为人类历史上第一个成功的载人轨道飞行计划，"东方"号计划取得了许多重大的历史性成就。除创造了多项第一外，还在医学实验上，特别是人在轨道飞行期间的反应和适应性方面取得了第一批重要资料和成果，为新一轮载人太空飞行积累了丰富的经验。单是这一点，"东方"号计划也值得被永久地载入航天史册。

"东方号"飞船飞行记录

飞船名称	发射及返回日期	航天员	备注
东方 1 号	1961.4.12 ~ 1961.4.12	尤里·加加林	人类第一次载人航天。
东方 2 号	1961.8.6 ~ 1961.8.7	季托夫	出于政治原因，飞行时间延长 25 小时，航天员患上"太空病"。
东方 3 号	1962.8.11 ~ 1962.8.15	尼古拉耶夫	完成生物试验，与 3 号完成编队飞行，最近距离 6.5 千米。
东方 4 号	1962.8.12 ~ 1962.8.15	波波维奇	完成生物试验，与 4 号完成编队飞行。
东方 5 号	1963.6.14 ~ 1963.6.19	比耶科夫斯基	进行生物医学实验，对地观察，与 6 号完成编队飞行。
东方 6 号	1963.6.16 ~ 1963.6.19	尼古拉耶娃·捷列什科娃	世界首次女航天员飞行，进行生物医学实验，对地观察，与 5 号完成编队飞行。

➡ 知识点

近地点

近地点是航天器绕地球运行的椭圆轨道上距地心最近的一点。近地点与地球表面的距离称为近地点高度。为避免航天器过早陨落，轨道近地点高度通常超过 180 千米。航天器在近地点势能最小，动能最大。

迟到的"水星"计划

美国的第一个载人太空飞行计划是"水星"计划，这个设想的提出并不比苏联晚，但是由于种种原因，直到 1958 年底美国才正式批准把它列为国家计划。1958 年 8 月 8 日，艾森豪威尔总统签署命令，指示载人太空飞行计划将由新成立的美国航空航天局负责。10 月 7 日即航空航天局正式成立一周后，第一任局长格伦南宣布开始执行太空载人飞行计划，11 月 26 日这个计划被命名为"水星"计划。其基本目标是：第一，把一个人送上太空，使之绕地球轨道飞行；第二，研究他在太空中的表现和工作能力；第三，安全返回并回收飞船和人。

考虑到时间和竞争因素，航空航天局还确定了"水星"号飞船的重要设计原则：第一，"水星"号飞船必须具有可靠的发射—逃逸系统，可以在发射阶段火箭出现故障的危险时刻迅速将飞船同运载火箭分离；第二，宇航员必须有能力用手动方式控制飞船的姿态；第三，应用比较简单的大阻力、钝体、无翼面、零升力飞船结构；第四，飞船本身和回收系统应当能满足在海上溅落回收的要求。

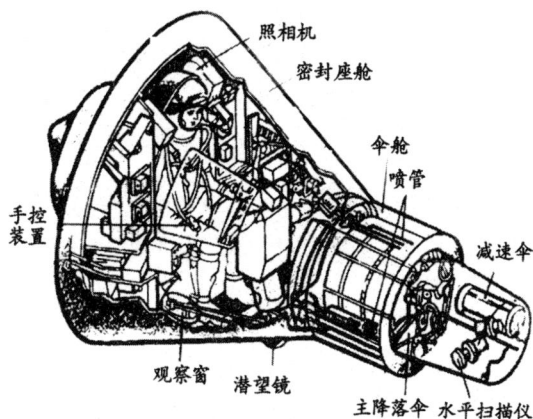

"水星"号飞船结构

麦克唐纳公司研制的"水星"号飞船主体可分成三个部分：圆台形乘员舱、圆柱形伞舱和较小的柱形减速伞舱。飞船总长约 2.9 米，底部最大直径 1.8 米，根据任务不同其质量在 1.3～1.8 吨范围之间。飞船的顶部还安装了一个逃逸救生塔，救生塔上端有一个三喷管固体火箭。大喷管是逃逸火箭，它可在 1 秒钟内产生约 235 千牛的推力，将飞船与火箭分离。另外 2 个小喷管能在1.5秒内产生2.45千牛推力，可在正常加速后将逃逸塔抛掉。

　　为了争取美苏这场太空竞赛的第一，美国的工程师们作了很大的努力。可"水星"号早期的试验并不顺利，发生了多次事故。1961年春季这种情况似乎有了好转，1月和3月的两次实验都取得了良好的成果。为了在太空竞赛中抢先一步，太空任务小组提议提前进行载人航天飞行，但火箭专家冯·布劳恩却坚持要按原计划进行。4月12日，加加林实现太空飞行后，时间显得更加紧迫。令美国人稍感宽慰的是，5月5日，航天员阿兰·B·谢帕德乘坐"水星"号飞船"自由"7号实现了一次亚轨道飞行，这次飞行被赫鲁晓夫称为"跳蚤的一跃"。

　　1961年5月5日，名为"自由"7号的"水星"号飞船在卡纳维拉尔角由第3枚"红石"号火箭发射升空，飞船上乘坐的是美国第一位宇航员阿兰·B·谢帕德。这次发射是一次亚轨道弹道飞行，飞船上升的最大高度为186千米。飞船正常分离后，又以弹道状再入大气层并安全回收。据说在整个15分28秒的飞行过程中，谢帕德只有5分钟的失重经历。由于这次飞行是在苏联之后，而且成就也小得多，因此可以说在美苏载人太空飞行这场竞赛上，美国再一次失败了。但这次飞行对美国来说具有深远的历史意义。为此，肯尼迪总统于5月8日在白宫为谢帕德授勋。时隔两个月，格里索姆于7月21日乘坐"自由钟"7号飞船又一次进行了亚轨道飞行。

"水星"号飞船

1962 年 2 月 20 日，宇航员约翰·H·格林乘坐"友谊"7 号飞船升空。他驾驶这艘"水星"号飞船在 260 千米高的轨道上飞行了 3 圈，历时 4 小时 55 分 23 秒。在飞行过程中，飞船出现了一些故障。在第一圈飞行末尾，由于姿态控制系统发生故障，他被迫由自动操纵改为手动操纵。在第二圈飞行时，地面收到的信号表明飞船防热层有可能与密封舱分离。按设计要求，防热层只在溅落前最后时刻才可抛掉。如果在轨道上脱落，飞船再入时必然烧毁。在返回时，地面控制中心指示格伦保留制动火箭装置，期望能较长时间维持防热层不与飞船脱离。幸运的是，除了在心理上造成很大恐慌外，格伦并没有遇到灾难性危险。原来那个信号是错误的。

1962 年 5 月 24 日，宇航员卡彭特乘坐"曙光"7 号飞船又一次成功地进行了轨道飞行，绕地球飞行 3 周。10 月 3 日，宇航员谢拉乘坐"西格玛"7 号飞船绕地球轨道飞行了 6 周，飞行总时间达 9 小时 12 分钟 11 秒。1963 年 5 月 15 日，宇航员库珀乘坐"信心"7 号飞船进入了近地点 267 千米、远地点 161 千米的地球轨道。这次飞行绕地球 22 周，历时 34 小时 19 分 49 秒。在飞行过程中，库珀进行了正常的饮食和睡眠，以此考察人在失重环境下工作和生活 1 天的生理反应。飞行还进一步验证了"水星"号飞船的姿态控制系统、防热系统、生命保障系统、仪器仪表长时间工作的可靠性。

"水星"计划虽然晚苏联 10 个月才实现轨道飞行，但其技术上取得的成就却比"东方"计划更大，美国在整个水星计划中，改进了多种导弹作为运载火箭，获得了丰富的经验，这为后来的大型航天计划创造了必要条件。同时，"水星"计划虽然在技术上比较复杂，但整个开发过程比较科学，具有推广的潜力，并且发展了几项新技术，在大型航天计划的管理上也积累了相当多的经验。

"水星号"飞船载人飞行记录

飞船名称	发射日期	航天员	备 注
自由 7 号	1961.5.5	阿兰·B. 谢帕德	飞行 15 分 28 秒，亚轨道飞行。
自由钟 7 号	1961.7.21	维吉尔·I. 格里索姆	飞行 15 分 37 秒，亚轨道飞行。海上溅落时飞船沉入海底。

（续表）

飞船名称	发射日期	航天员	备　注
友谊 7 号	1962.2.20	约翰·H. 格林	飞行 4 小时 55 分 23 秒，美国首次载人轨道飞行，绕轨道 3 圈。
曙光 7 号	1962.5.24	M. 斯科特·卡彭特	飞行 4 小时 56 分 5 秒，再次验证轨道飞行绕轨道 3 圈。
西格玛 7 号	1962.10.3	沃尔特·M. 谢拉	飞行 9 小时 13 分 11 秒，绕轨道 6 圈。
信心 7 号	1963.5.15	L. 戈登·库珀	飞行 34 小时 19 分 49 秒，较长时间的轨道飞行，考察人体反应及飞船可靠性。

▶▶▶ 知识点

亚轨道飞行

亚轨道飞行是相较于轨道飞行来说的。通常认为，亚轨道飞行是在距地球 35 到 300 千米高空进行的飞行。在亚轨道飞行仍然会受到地球引力的牵引，但在一定时间内可以体验到失重的感觉。300 千米以上的飞行就被认为是轨道飞行，国际空间站的运行轨道在 400 千米左右。

人类的首次太空行走

冷战时期，美苏在太空领域开展过十分激烈的竞争，其中用一艘飞船运送 2 到 3 人上天和航天员出舱进行太空行走就是焦点之一，竞赛结果以苏联的"上升"飞船胜出而告终。

"东方"号发射成功之后，科罗廖夫就开始考虑新的航天计划，经过大量的研究和规划，初步制定了两项计划，即"东方"ZH 飞船和"联盟"复合体。但这些计划都是长期性计划，不可能马上看到成果，可对于不懂什么技术的赫鲁晓夫来说，更需要的是新的第一。在这种压力之下，科罗廖夫被迫改变了自己的计划，因此就有了"上升号"飞船计划。

"上升号"飞船是以"东方"飞船为基础改造而成，其形状和尺寸大体上与"东方"飞船相似，长约6米，直径2.4米，质量约5500千克。

"上升"号飞船

为了与美国竞争一船多人，"上升号"飞船取消了"东方"飞船上体积较大的弹射座椅，采用普通椅子，以便增加航天员的座位，使它最多可乘坐3名航天员。由于生命保障系统的限制，其轨道飞行时间较短。该飞船为一球圆柱体，运行在周期为90分钟、倾角为63°的低轨道上。飞船上装有返回着陆系统、备用制动火箭、辅助定向系统、电视和无线电通信设备等。

"上升号"飞船还有一个特点，就是在座舱外增设了航天员出舱用的气闸舱、操纵气闸工作程序和航天员走出舱外进入太空的控制系统；并备有采用自主式生命保障系统的特制航天服，供航天员出舱使用；还附加了着陆缓冲用的制动火箭。这种飞船一共只发射了两艘，但都创造了奇迹。

"上升"号的第一次飞行对所有的技术人员来说，简直是一次冒险。因为在飞船即将完工的时候，赫鲁晓夫下达命令，要在1964年革命节（11月7日）前实现同时3人的太空飞行计划。设计人员只好对飞船采取了极其冒险的改装，拆除了许多科学仪器，舱内的生命保障系统降到最低限度。由于座舱空间太过狭小，进入座舱的3名航天员都没有穿航天服，所幸的是这次飞行没有出现任何意外。赫鲁晓夫下台之后，"上升号"就再也没有进行过这样具有挑战性的飞行。飞船绕地飞行16圈，历时24小时17分钟。"上升"1号飞船也是首次搭载科学家绕地飞行的航天器，它进行了天体物理学、航天医学、生物学研究和技术试验。

1965年2月18日发射的"上升"2号飞船上虽然只载有两名航天员，但航天员列昂诺夫进行了人类首次太空行走，再次让苏联扬眉吐气。

格林尼治时间8点30分，"上升"2号进入了预定轨道，这时列昂诺夫已经换好了宇航服等待进入太空。列昂诺夫的宇航服是当时最先进的，多达十几层。这种宇航服具有自动的生保系统及隔热、防寒、防辐射等多种功能，可以在300℃到－100℃的温度下保持恒温。

列昂诺夫先进入了气闸舱，关上了与飞船生活舱连通的闸门，当气闸舱中的气压减至与太空中的气压相同的时候，就可以进入太空了。气闸舱的原理与我们平时熟知的船只通过江河上的拦河大坝的道理基本一样。

当时，列昂诺夫在太空中并不是无拘无束地漫步，为了安全起见，他的身上还系了一根5米长的系索，也就是说，列昂诺夫的太空漫步只能在距离飞船5米的范围内进行，这实在是有些美中不足。

由于技术原因，宇航员离开飞船在太空中行走的距离目前只有这么远，人类就好像一个没有成熟的婴儿，在没有能力应付险恶的太空环境的时候，就必须依赖母亲的脐带以保证自身的安全。

另外，这5米长的系索还有其他的用途。这根系索其实是一根高敏感度的数据传送系统的一部分，它可以准确地把列昂诺夫在太空中行走时的一切生理感觉、生物功能测量出来的数据传回"上升"2号载人飞船，并及时地

1965 年 3 月 18 日，苏联"上升"号飞船的宇航员列昂诺夫
进行了人类首次太空行走。这是画家绘制的列昂诺夫
在轨道运行期间走出飞船的情景。

把数据送回地球。

列昂诺夫的舱外活动一共持续了 20 分钟，有意思的是，他进舱的时候遭遇的麻烦最大，也就是说这 20 分钟，既包括在太空中漫步所花的 12 分 9 秒，还包括进舱所花的足足 8 分钟的时间。

原来，宇航服在真空的环境中由于外部的压力很小，宇航服内的气体把整个宇航服胀得像一个大气球，原本苗条的列昂诺夫由于过于臃肿卡在了舱门口，挣扎了好久才挤了进来，这可是当初的设计者没有考虑到的。

"上升" 2 号载人飞船在完成了太空行走，准备返航的时候，又出了一个小麻烦：飞船的太阳自动定向系统突然失灵了，飞船开始在太空中无序运转。为此，宇航员们不得不采用手动操作系统，然而手动操作定向系统显然不如太阳自动定向系统准确，在太空中漫步的英雄们降落在预定着陆点 800千米以外的风雪覆盖的大森林里，给宇航员的返回工作带来了很大的困难。

虽然"上升" 2 号的太空漫步之旅有许多不尽如人意之处，还发生了一些小麻烦，但总的来说，这是一次成功的太空行走，它竖立了载人航天史上新的里程碑。

"上升号"飞船飞行记录

飞船名称	飞船发射返回日期	航天员	备 注
上升 1 号	1964. 10. 12 ~ 1964. 10. 13	科马洛夫 弗科蒂斯托夫 耶格罗夫	首次 3 座航天器飞行。
上升 2 号	1965. 3. 18 ~ 1965. 3. 19	列昂诺夫 别利亚耶夫	首次航天员出舱活动。

一次成功的太空对接

"水星"计划结束后，当时的美国总统肯尼迪已经很明确地提出，把登月作为载人航天的发展目标。因此美国国家航空航天局花了两年时间来设计第二代飞船，即"双子星"飞船，作为登月计划和"水星"计划之间的过渡计划。而且这一计划的目的相当明确，主要是完善飞往月球所需的关键、但尚未经过测试的技术，包括：轨道变换、轨道会合、轨道对接以及在轨道上进行太空舱外活动。

"双子星"号飞船由三段连接而成。最下面是圆台形的设备舱，里面装有电源系统、推进剂贮箱、轨道和姿态控制系统、通信系统、仪表设备以及生活用品。中间段是发动机舱，主要用于飞船离轨与再入控制。它除装有反推发动机及推进剂贮箱外，还装有机动发动机。最上段是载人飞船。这部分很像放大的"水星"号飞船，内部装有两套宇航员弹射座椅、导航系统、电子设备以及生命保障系统，座舱内也采用纯氧环境。它的前端是一个降落舱，头部装有交会雷达、对接器以及再入高度控制系统。除此之外，载人舱还装有各种姿态控制系统、宇航员观察口、宇航员舱外活动舱口和其他设备。飞船总长 5.6 米，底部最大直径 3.05 米，其中乘员舱长 3.35 米，底部直径

美国第二代载人飞船"双子星"

2.35 米,飞船总质量在 3.2 ~ 3.8 吨之间。

　　为了准确地操纵飞船,设计人员为"双子星"安装了数个火箭发动机,使它可以在轨道上做向前、向后和侧向的运动以改变轨道。复杂的任务要求由两人来驾驶飞船,这就使得飞船的体积增大。而且"双子星"飞船太空飞行的时间一般需要持续一至两周,以确定人体是否能够承受长时间的失重,所以需要大量的电力和能源,为了满足这个要求,"双子星"飞船增加了设备舱,安装电源系统、推进剂贮箱等设备。

　　当时使用的普通化学电池功率小、寿命短,不足以维持长期飞行,而太阳能电池在技术上也不成熟,因此设计人员采用了燃料电池,这种电池依靠燃料的化学反应释放出来能量转变成为电能输出。

　　两名航天员,加上增加的支持系统、补给及推进剂,使"双子星"号飞船的重量是水星号的两倍。要把它送入太空,"水星"号所用的"宇宙神"号运载火箭已经无能为力,"大力神" 2 号运载火箭便成了"双子星"号飞船的运载火箭。设计人员经过较长时间的考察,认为运载火箭在发射时发生爆炸的机率极小,因此"双子星"号取消了逃逸救生塔,采用弹射座椅作为应急情况下的救生措施。

　　"双子星"计划的一项主要内容是实现太空行走,美国国家航空航天局的设计人员考虑到，如果为太空行走再设计一个过渡舱，势必会增加飞船的重量和大小，因此采用了一种简化的设计，不安装专门的出舱活动过渡舱，而直接将座舱作为过渡舱。"双子星"飞船的侧部各有一个矩形舱门，它具有极好的关闭密封性，可以在太空中打开和关闭。执行舱外任务时，航天员先使舱内氧气压力下降，采用航天服的供氧系统呼吸。当舱门打开时，任舱内氧气散失，出舱进行活动；当完成任务返回舱内时，关闭舱门后再重新放出氧气，使座舱增压。

回收方式上，飞船在返回前在轨道上抛掉设备舱，然后发动机舱的4台反推制动火箭点燃，将飞船推入再入轨道，最后再抛掉发动机舱，座舱像"水星"号飞船一样单独再入大气层，下降到低空时打开降落伞，航天员和座舱一起在海上溅落。

1965年3月23日，"双子星"3号飞船进行了第一次载人太空飞行，航天员维吉尔·I·格里索姆和约翰·W·杨完成了这次飞行，飞行中航天员启动推进器改变自己的轨道形状，实施了倾角的微小改变。两个月后，航天员詹姆士·A·麦克迪维特和爱德华·H·怀特乘坐"双子星"4号进入太空飞行了5天，并且在绕轨道第三圈时，由怀特实现了美国人首次的太空行走，出舱时他身上连着一根管缆，利用一个手持的小型火箭来实现太空机动。

"双子星座"5号飞船于1965年8月21日发射，宇航员是库珀和康拉德，主要任务是进行轨道机动和交会练习。由于供练习用的鉴定舱失踪，飞船没能按计划与鉴定舱对接。尽管如此，"双子星座"5号仍完成了许多实验和观测任务，留空时间长达8天，绕地球120圈。

1965年12月4日和15日，"双子星"7号和"双子星"6号两艘飞船先后发射。它们靠宇航员操纵完成了机动、接近和交会飞行，在间距只有40米的情况下持续飞行了7小时15分钟，最近时只有0.3米。第二天，"双子星"6号在完成全部飞行任务后返回地球。"双子星"7号飞船继续飞行了3天，创造了在太空中持续飞行330小时35分钟、绕地球206圈的新纪录，于12月18日安全返回地球。1966年发射的"双子星"8号和"双子星"9号飞船也

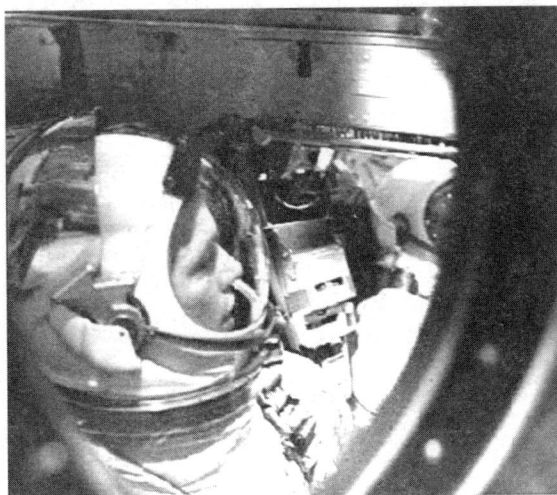

"双子星" 8 号指令舱

进行了交会对接训练。

1966 年 7 月 18 日，"双子星" 10 号飞船载宇航员约翰·杨和柯林斯升空。他们驾驶飞船对新发射的"阿金纳" 10 号火箭舱进行了跟踪、会合。飞船用了约 6 小时完成了与"阿金纳" 10 号的会合与对接任务。"阿金纳" 10 号发动机工作了 80 秒钟，将"双子星"飞船结合体送到 763 千米的远地点，尔后发动机二次点火，又把远地点降到 382 千米，最后一次点火把"双子星" 10 号飞船推入 377.6 千米的圆轨道。二者分离后，柯林斯爬出舱外，依靠机动系统来到"阿金纳" 10 号上，完成了取样任务。最后，他们于 7 月 21 日安全返回地面。这次高度成功的太空对接与轨道机动是航天史上一项伟大的成就，这是完成"阿波罗"计划的关键技术，为载人登月开辟了道路。

1966 年 9 月 12 日和 11 月 11 日，"双子星" 11 号和"双子星" 12 号飞船先后发射。这两艘飞船更加出色地完成了空间对接任务、舱外活动任务，进行了重力梯度实验、人造质量实验以及更长时间的生物医学实验。在"双子星" 11 号飞行期间，"阿金纳"火箭一度将它推进到 1368 千米的高度。它历时 71 小时 17 分钟，于 9 月 15 日返回地面。"双子星" 12 号的宇航员奥尔德林曾 3 次出舱，共进行了 5 小时 30 分钟的舱外活动。他还从空间拍摄了第一张日食照片。11 月 15 日，"双子星" 12 号安全返回地面，留空时间 94 小时 34 分钟。

"双子星"计划共计进行了 9 次载人轨道飞行。整个计划期间，宇航员共完成了 52 项实验，其中 27 项是实验和检验新技术，8 项是医学实验，另外 17 项是科学实验。"双子星"飞船还在不同的高度上拍摄了 1400 张地球彩色照片。更有价值的是，"双子星"计划对人在太空中长期工作和生活进行了全面的研究。作为一项既是独立的又是过渡性的计划，"双子星"计划取得了许多开创性成就：飞船完成了空间交会和对接工作，宇航员在开放空间活动长达 2 小时，最长飞行时间达 14 天，实现了飞船姿态控制、机动、变轨飞行和受控再入，发展了新型燃料电池，宇航员积累了长时间飞行的经验，包括生理、医学、生活等，为"阿波罗"计划提供了极其宝贵的经验和科学技术成果。

"双子星号"飞船载人飞行记录

飞船名称	飞船发射日期	飞行时间	航天员	备 注
双子星 3 号	1965.3.23	4 小时 52 分 31 秒	维吉尔·I. 格里索姆约翰·W. 杨	检验飞船的基本性能，美国首次双人飞行。
双子星 4 号	1965.3.7	4 天 1 小时 56 分 12 秒	詹姆士·A. 麦克迪维特爱德华·H. 怀特	美国航天员首次出舱活动。
双子星 5 号	1965.8.21	7 天 22 小时 55 分 14 秒	L. 戈登·库珀查尔斯·康拉德	首次使用燃料电池，进行轨道机动和会合练习，绕地球 120 圈。
双子星 7 号	1965.12.4	13 天 18 小时 35 分 1 秒	弗兰克·博尔曼詹姆士·A. 洛弗尔	考察人在太空中生活 14 天的可能性，与"双子星" 6 号会合。

（续表）

飞船名称	飞船发射日期	飞行时间	航天员	备 注
双子星 6 号	1965.12.15	1 天 1 小时51 分 24 秒	沃尔特·M. 谢拉马斯·P. 斯坦福	与"双子星"7 号①会合保持相持相互距离 0.3 ~ 90 米。
双子星 8 号	1966.3.16	10 小时41 分 26 秒	内尔·A. 阿姆斯特朗大卫·R. 斯科特	飞船失控快速旋转，与"阿金纳"对接失败，美国载人航天第一次紧急着陆。
双子星 9 号	1966.6.3	3 天 21 小时	托马斯·P. 斯坦福尤金·A. 塞尔南	与"阿金纳"对接失败，绕地飞行 44 圈，塞尔南进行两小时的出舱作业。
双子星 10 号	1966.7.18	2 天 22 小时46 分 39 秒	约翰·W. 杨迈克尔·柯林斯	与"阿金纳"对接发成功，航天员出舱作业。
双子星 11 号	1966.9.12	2 天 23 小时17 分 8 秒	查尔斯·康拉德理查德·F. 戈登	完成太空对接任务，航天员出舱作业。
双子星 12 号	1966.11.11	3 天 22 小时34 分 31 秒	詹姆士·A. 洛弗尔埃德温·E. 奥尔德林	完成太空对接任务，航天员出舱作业。

① "双子星"6 号原计划于当年 10 月与"阿金纳"火箭对接，但由于"阿金纳"火箭发射失败取消。

➡➡➡ 知识点

轨道对接

轨道对接是使两个航天器于预定时间在某条轨道的预定位置进行机械连接的过程。为了实现轨道对接，首先必须使两个航天器在某个时刻以同一速度到达空间同一位置，实现轨道交会。然后通过专门的对接机构，使两者连接成为一个整体。航天活动中的轨道对接通常都是控制某个航天器与在某个特定轨道上的目标航天器对接。

人类登月梦的实现

阿波罗是古希腊神话中掌管诗歌、音乐等文艺的太阳神，又是掌管迁徙和航海安全的庇护神，同时他还是消灾免难之神。他在古希腊神话中是英俊、勇敢、坚毅、强大的化身，他的身上汇聚了几乎所有人类所崇敬的美德，所有人类对英雄的幻想，他是古希腊众神中不灭的亮点。而掌管月亮的女神阿尔忒弥斯恰恰又是太阳神阿波罗的孪生妹妹，因此美国宇航局把登月计划命名为"阿波罗"计划。这既是为了求得神明的庇护，又是希望自己的登月计划像阿波罗一样完美成功，还表明了美国人这次行动的决心，他们热切盼望着这次"兄妹重逢"能够一切顺利。

1961 年 5 月 25 日，就在加加林太空飞行结束后不久，肯尼迪总统批准了美国宇航局的"阿波罗"登月计划，并要求宇航局 10 年之内在苏联人之前将宇航员送到月球，"把苏联人摔倒在月球上"。

"阿波罗"登月计划是美国第三个载人航天计划，也是规模最大的一项。这项计划从 1961 年 5 月开始实施，到 1972 年 12 月结束，前后历时 11 年，耗资达 255 亿美元。在计划执行的高峰期，参加工程的有 2 万多家企业、200 多所大学、80 多个科研机构，参与人数超过 30 万。

"阿波罗"登月计划的目的是验证新型飞船的性能、交会与对接能力，并实现载人登月和对月球进行实地考察，同时也是为了对载人飞行和探测进行技术准备。

"阿波罗"计划研制的主要硬件包括"土星"系列运载火箭、"阿波罗"指令、服务舱和登月舱。"土星"系列火箭最初计划研制 5 种型号，后根据实际需要研制了 3 种："土星"1、"土星"1B 和"土星"5 号。前两种火箭是为试验"阿波罗"飞船、进行近地轨道载人飞行和研制"土星"5 号最终用

"阿波罗"飞船

于载人登月飞行服务的。"土星"5号运载火箭是当时最新技术的综合产物，它的第一级装有5台推力巨大的F－1液氧煤油火箭发动机，单台推力6670千牛，总起飞推力33350千牛（3400吨力）。第二级装有5台先进的J－2液氢液氧发动机，单台推力1022千牛（105吨力）。第三级装有1台J－2发动机。连同"阿波罗"飞船在内，"土星"5号运载火箭的最大高度110.6米，第一级直径10.1米，发射质量2870.9吨。它的近地低轨道运载能力104.3吨，登月轨道运载能力43.09吨。

"阿波罗"飞船系统由三部分构成：指令舱、服务舱和登月舱。登月舱又包括下降舱和上升舱两部分。登月过程是：火箭垂直发射后，一、二级连续工作和第三级第一次点火将飞船送入近地轨道；然后第三级第二次点火将飞船加速到第二宇宙速度并送入登月轨道。这时飞船系统与火箭分离，并通过小发动机推进掉头、机动并与从结合部弹出的登月舱对接；然后再掉转方向朝月球飞去。经过约两三天的飞行，当接近月球时，服务舱发动机点火使飞船减速，进入环月飞行状态。在飞临预定登月点时，两名宇航员乘登月舱利用下降舱发动机减速在月面上软着陆。考察和工作完后，宇航员乘上升舱起飞与轨道上的飞船系统对接，而下降舱则抛弃在月面上。宇航员由上升舱进入指令舱后，上升舱随之抛掉。最后，飞船指令舱在服务舱发动机的推动下，离开月球轨道返回地球。

"阿波罗"飞船的登月过程是一个极为复杂的飞行过程，稍有差错，将导致不堪设想的后果。人类的登月事业虽然重之又重，但也不能为此造成过大的牺牲。为了确保成功，美国人做了大量的试验，在真正登月之前，从1966年到1969年就发射了10艘试验飞船。

在"阿波罗"1号至"阿波罗"6号6艘飞船的试验中，进行了不载人的试验，尤其在近地轨道上进行反复的飞行试验，有的是整个飞船，有的是其中的几个舱段。美国人在其中鉴定了飞船的指挥舱、服务舱和登月舱的性能；考察各个舱段的连接、分离以及动力装置的可靠性；试验飞船的返回舱在进入大气层过程中的防热性能、起飞及返回过程中的过载值大小；检查登月舱的上升和下降级的推动系统的能力，尤其是降落后再起飞能力以证明登月舱的结构形式在空间的可用性等等。总之，这6次不载人的飞行试验检验了包括运载火箭、飞船的所有性能和工作可靠性。

在"阿波罗"6号之后，美国又连续发射了"阿波罗"7号到"阿波罗"10号4艘飞船，进行了一系列载人的试验。1968年10月11日，美国发射了第一艘载人的试验飞船——"阿波罗"7号，在这艘飞船上携带了3名宇航员。他们乘着飞船，仅做了围绕地球的飞行，在几百千米高的轨道上飞行了近11天，用来验证飞船指挥舱和服务舱的性能以及人与飞船的联合演练。

1968年12月21日，美国又发射了"阿波罗"8号宇宙飞船，除了做绕地球的飞行外，还进入了月球的引力场，在离月球100千米的轨道上飞行了10圈之后返回了地球，历时6天2小时59分，但并没有携带登月舱。此后发射的"阿波罗"9号的经历大体上与"阿波罗"8号相仿。

1969年5月18日，"阿波罗"10号携带3名宇航员和登月舱进行了第一次完整的绕月飞行，于5月26日安全返回地面。此次飞行检验了飞行的全过程、宇航员的指挥及控制能力；进行了各舱的分离与连接试验、登月舱的模拟试验。宇航员还在月球轨道上实现了登月舱与母舱的分离，并且有两名宇航员曾乘着登月舱下降到了距月面15千米的高空，然后再返回。这一系列模拟试验都证明了，这次登月行动的方案是正确的，设计是合理的，宇航员的动作也是准确的，即整个登月计划是可行的。

这是由"阿波罗"11 号登月舱在月球轨道拍摄于 1969 年 7 月 21 日的照片，
在月球地平线上缓缓升起的球体正是我们居住的地球。

通过一系列的试验，美国国家航空航天局宣布"阿波罗"11 号将执行载人登月任务。1969 年 7 月 16 日，巨大的"土星"5 号火箭载着"阿波罗"11 号在肯尼迪航天中心 39A 发射台点火发射，参加这次登月任务的航天员是内尔·阿姆斯特朗、布兹·奥尔德林、迈克尔·柯林斯。1969 年 7 月 20 日，美国东部时间 22 点 56 分，阿姆斯特朗踏上月球，首次实现了人类登月的梦想。

此后，美国国家航空航天局又进行了 6 次载人登月飞行，除了"阿波罗"13 号登月失败，其他飞行均获得成功。"阿波罗"13 号虽然登月失败，但却显示了该计划极强的应变能力。1970 年 4 月 11 日，"阿波罗"13 号飞船载 3 名宇航员发射升空。在登月途中，服务舱氧气箱发生爆炸。在紧急情况下，地面指挥人员经过周密研究，指示宇航员停止登月，最后宇航员靠登月舱的动力、水、空气及食物绕过月球，安全回到地球。

由于任务基本完成，加之经费超支，原定"阿波罗"18、"阿波罗"19 号、"阿波罗"20 号飞船的登月飞行任务就被取消了。

"阿波罗号"飞船登月飞行记录

飞船名称 发射时期	飞行时间	航天员	备 注
阿波罗 7 号 1968.10.11	10 天 20 小时 9 分	沃尔特·希拉 沃尔特·坎宁安 汤恩·埃斯里	考察航天员在阿波罗飞船中的适应性，检验飞船性能。
阿波罗 8 号 1968.12.21	6 天 3 小时 42 秒	弗兰克·博尔曼 詹姆士·洛弗尔 威廉·安德斯	首次载人绕月轨道飞行，首次从深空拍摄地球照片。
阿波罗 9 号 1969.3.3	10 天 1 小时	詹姆士·麦克迪维特 鲁斯逊·舒维卡特 戴维·斯科特	首次携带登月舱飞行，近地轨道测试登月舱。
阿波罗 10 号 1969.5.18	8 天 3 分 23 秒	托马斯·斯坦福 尤金·塞尔南 约翰·杨	绕月轨道飞行，近月考察、探测。
阿波罗 11 号 1969.7.16	8 天 3 小时 18 分	内尔·阿姆斯特朗 布兹·奥尔德林 迈克尔·柯林斯	人类首次登月。
阿波罗 12 号 1969.11.14	10 天 4 小时 36 分	查尔斯·康拉德 艾伦·彬 理查德·戈登	登月飞行，探测月球的风暴海地区，访问了"探测者"3 号。
阿波罗 13 号 1970.4.11	5 天 22 小时 54 分	詹姆士·洛弗尔 佛瑞德·海斯 约翰·斯威格特	登月途中飞船发生爆炸，登月取消，中途返回。
阿波罗 14 号 1971.1.31	9 天 1 分 58 秒	阿兰·B.谢帕德 司徒亚特·罗萨 埃德加·D.米切尔	探测了月球的弗拉奠罗地区，首次在月球打高尔夫球。

（续表）

飞船名称 发射时期	飞行时间	航天员	备　注
阿波罗 15 号 1971.7.26	12 天 7 小时 12 分	戴维·斯科特 詹姆士·B. 欧文 阿尔佛雷德·M. 沃尔登	探测了月球的哈德里利尔地区，航天员乘月球车对月球考察，活动范围达 35 千米。
阿波罗 16 号 1971.7.26	11 天 1 小时 51 分	约翰·杨 查尔斯·杜克 托马斯·马丁利	探测月球的迪斯卡茨高地，在月球逗留 71 小时，科学考察，带回年龄长达 46 亿年的岩石样本。
阿波罗 17 号 1972.12.7	12 天 13 小时 52 分	尤金·塞尔南 哈里森·施密特 罗纳德·埃文斯	最后一次登月，探测月球的奥尔斯里特罗谷，进行人工陨石撞击实验，引起月震 55 分钟，回收相机和其他探测仪器。

庞大的"联盟"飞船家族

　　登月计划中苏联投入了巨大的财力、物力和人力，但是由于运载火箭等关键技术无法解决，最终落在了美国人的后面。于是苏联明智地调转方向，开始大力发展空间站。在登月计划和轨道空间站的发展中，苏联人研制了足以令其自豪的"联盟"飞船系列。

　　到目前为止，苏联、俄罗斯已经制造各种型号的联盟飞船 230 多艘，形成了一个庞大的"联盟"的家族。其中的"联盟"、"联盟"T、"联盟"TM 号飞船是最成功的飞船系列。

"联盟"号

　　"联盟"号能乘坐 3 名航天员，长 9 米，最大直径 2.72 米，发射重量

6600 千克，着陆重量 3000 千克，航天员活动空间 9 立方米。"联盟"飞船由三个舱体——轨道舱、返回舱、设备舱构成。

飞船发射前的几个小时，2 名或 3 名航天员从轨道舱侧面的圆形密封舱门进入飞船，轨道舱的外壳是两个半球，中间嵌以圆柱形的"腰带"。航天员进入轨道舱后再经过下面的另一扇密封舱门进入返回舱，躺在座椅上等待发射，座椅上的靠垫是根据每个航天员的具体体形制作的，这样可以有效地减小航天员在发射和返回时所受到的过载影响。

火箭点火后，将飞船送入轨道，航天员观察面前的仪表板监控飞船的工作状态，通过座舱两侧的圆形舷窗，航天员能够观察到协同飞行的航天器和进行天体观察，并进行飞船的定位，操纵飞船执行飞行任务。

"联盟"号升空

飞船后部设备舱内的发动机使得飞船可以在太空中进行各种机动动作。设备舱底部中央是主发动机的喷口，该发动机可以多次启动，根据任务需要在适当的时刻点燃，进行飞船的变轨机动。技术人员为了保证飞船的安全性，在飞船内安装了备份的双燃烧室发动机，喷口分别位于主发动机的两侧。设备舱的四周还布置数台小发动机，用来调整飞船的姿态和微小的移动。

除了发动机，设备舱内还安装有电子设备、环境控制，通讯等大部分仪器设备。由于这些仪器设备对工作条件都有一定要求，不能直接暴露在太空中，所以安装在设备舱前部密封舱内；而变轨发动机及推进剂贮箱则安装在后部的非密封段。在设备舱的外面还有一圈圈的"螺纹",是用来散热的,称为辐射散热器。

在大多数"联盟"飞船上,苏联的技术人员采用了太阳能产生电力的技术,即在设备舱两侧安装太阳电池翼。发射过程中,太阳翼折叠收起贴靠着飞船的舱体,进入轨道后电池翼即展开,航天员操纵飞船自转,使太阳翼的帆板面向太阳,吸收太阳能。之后飞船绕太阳—飞船的轴线旋转,由于几乎没有阻力影响,飞船会在相当长的时间内保持旋转,这样太阳翼就一直受到太阳的照射。

太空中航天员的生活以及各种科学实验都是在轨道舱中完成的,轨道舱与返回舱合在一起构成了"联盟"飞船的居住空间。轨道舱内除储存有食物和饮用水装置、床和睡袋、废物收集器等太空生活必需品,还设有科学实验设备。

轨道舱前端设有对接机构,供飞船与其他飞船或空间站对接使用。早期的"联盟"飞船完成对接后,对接机构无法移开,乘员不能直接从飞船内通过。1969年1月6日,在"联盟"4号与"联盟"5号的对接中,"联盟"5号的两名航天员只能从轨道舱侧面的舱门爬出舱外,从外面进入"联盟"4号。到"联盟"10号,苏联的技术人员改进了对接机构,飞船在轨道上对接后,航天员可以移开对接机构,直接进入对方的飞船。

航天员在完成太空任务后,由主发动机提供推力,使飞船开始脱离轨道,返回地球。在进入大气层前大约140000千米高度,轨道舱和设备舱分别与返回舱分离,并在再入过程中焚毁,而返回舱携带航天员返回地球。"联盟"飞船的返回舱采用了钟形结构,由上、下两个圆球切块,中间一个圆锥面平滑过渡构成。再入时底部的圆球切面冲前。由于底部受大气分子的冲击最厉害,温度最高,所以采用了可分离的烧蚀复合材料。

返回舱下降到大约83000千米高度时,通过分布在返回舱外壁的6台小发动机调整飞船穿过大气层时的姿态,会使升力大小有所变化,从而在一定的范围内控制返回舱的运动轨迹,调整着落点,可以控制着陆点偏差在30000千米以内。返回舱下降到10000千米左右的高度时,减速伞舱盖弹出,拉出引导伞,再拉出减速伞。8500千米左右时,拉出主降落伞。离地面还有1米时，返回舱底部的缓冲发动机启动，进一步减小落地速度。为了减小返回舱落地时对航天员的冲击，航天员的座椅下专门安装了减震装置，飞船着陆前，减震器升起，缓和了着陆对航天员的冲击力。

"联盟"家庭

从 1967 年 4 月"联盟"1 号飞船的升空到 1981 年 5 月的 14 年中，"联盟"号共进行了 40 次载人飞行，主要目的是为苏联发展轨道空间站进行服务。实现这 40 次载人飞行的"联盟"号飞船具体包括了 6 种改型——7K–OK、7KT–OK、7K–T、7K–T/A9、ASTP 和 7K–MF6。

在太空中飞行的"联盟"号

7K–OK 是"联盟"飞船的最初型号，共发射了 9 次，主要目的是为建立轨道站复合体做技术准备。"联盟"1 号的飞行是很糟糕的，进入太空后飞船左侧的太阳翼没有展开，造成电力不足，接着在整个飞行中接二连三地出现其他故障，返回时又因减速伞未能打开，出现了机毁人亡的惨剧。1969 年 1 月 14 日和 15 日，"联盟"4 号、"联盟"5 号分别发射，在轨道中实现联盟号的第一次对接，对接后两艘飞船工作间的总容积达到 18 立方米，建立了世界上第一个轨道空间站的雏形。1969 年 10 月"联盟"6 号、"联盟"7 号、"联盟"8 号的编队飞行进行了大量复杂的机动，并验证了在太空焊接材料的可行性。

7KT－OK 是 7K－OK 的改进型，除了减轻对接机构的重量，还在对接机构上创造了航天员可以直接进入另一飞船的通道。但不幸的是，该型号飞船只进行了两次载人飞行。1971 年 6 月 29 日，"联盟"11 号在结束飞行返回时，座舱突然漏气，由于航天员没有穿航天服，3 名航天员最终缺氧窒息而死。

此后，苏联的载人航天活动中断两年多，设计人员对"联盟"飞船进行了一系列的改进。直到 1973 年 9 月 27 日，"联盟"12 号即 7K－T 型太空飞行成功，苏联才恢复载人航天活动。7K－T 在安全方面作了重大改进。拆除返回舱内 3 人座椅中的一个，并在取消的座椅位置上增加生命保障系统。另外，用化学电池代替太阳能电池，防止再次出现"联盟"1 号太阳翼不能展开的故障。改进后的 7K－T 共进行了 19 次载人飞行，直到 1981 年联盟 T 系列投入正式使用才被代替。在 7K－T 的基础上，为了配合苏联军用空间站"钻石"计划的研究，还发展了 7K－T/A9 型飞船。

ASTP 主要是为实现阿波罗号—联盟号对接而改进的，共飞行了两次。ASTP 共制造 3 艘，第 3 艘后来经过改装，在对接机构的位置安装了德国的多光谱照相机 MF6，在其环绕地球飞行 8 天里，拍摄了大量地球照片，该艘飞船被称为7K－MF6。

"联盟号"飞船载人飞行记录

型号	飞船名称	任务
7K－OK	联盟 1 号～9 号	为建立轨道站复合体做技术准备。
7KT－OK	联盟 10、11 号	与"礼炮"1 号进行对接。
7K－T	联盟 12、13、17、18—1、18、25～29、31～40 号①	主要作为礼炮轨道空间站的载人运货飞船。
7K－T/A9	联盟 14、15、21、23、24、30 号②	为军用空间站"钻石"号服务。
ASTP	联盟 16、19 号	执行阿波罗号－联盟号对接任务。
7K－MF6	联盟 22 号	从太空研究地球表面的地质特性。

① "联盟"34 号飞船发射时未载人，将"礼炮"6 号上的成员接回地球。

② "联盟"20 号未进行载人飞行。

"联盟 T"

"联盟" T 飞船于 1980 年 6 月 5 日首次发射, 能乘坐 3 名航天员, 设计寿命 14 天, 于"礼炮"号空间站停靠 180 天, 总长度 7.5 米, 最大直径 2.7 米, 航天员活动空间 9 立方米, 总重量 6850 千克, 总推进剂 700 千克。返回舱能乘坐 3 名航天员, 长 2.2 米, 最大直径 2.2 米, 航天员活动空间 4 立方米, 总重量 3000 千克。轨道舱长 3 米, 最大直径 2.3 米, 航天员活动空间 5 立方米, 总重量 1100 千克。

"联盟" T 系列是"联盟"号的改进型。虽然飞船外形、容量和质量与联盟号大体相同, 但技术上做了许多改进, 主要的改进包括: 恢复了两个太阳能电池板; 主推进系统重新设计, 推进剂贮箱有了更大的载量, 使用与"礼炮" 6 号空间站上的发动机同样的推进剂; 飞船的姿态控制喷管重新配置; 采用了更轻、更结实的舱体材料。这些改进使"联盟" T 能进行更长时间的飞行和拥有更好的机动能力。

此外, 飞船的生命保障系统、飞行控制系统和返回着陆系统进行了更为可靠、更为自动化的设计, 当飞船出现故障时, 内部的计算机会对故障作出迅速的判断, 并采取相应的应急措施。所有这些措施都保证了航天员的安全, 而且经过长期的飞行试验及改进, 设计人员又恢复了飞船的三人制的座舱。1979 年 12 月 26 日, "联盟" T 首次进行不载人飞行试验。从 1980 ~ 1986 年共完成了 14 次载人飞行。

"联盟" TM

它是"联盟" T 的改进型, 改进主要涉及飞船的对接系统、通信系统、推进系统、应急救生系统和降落伞系统。飞船起飞质量 7070 千克, 返回质量约 2900 千克; 可送达的有效载荷 100 千克以下, 可返回的有效载荷 20 ~ 50 千克; 飞行持续时间: 自主飞行 5 昼夜, 加入空间站飞行 180 昼夜; 工作轨道参数: 倾角 51.6°, 高度 300 ~ 400 千米; 飞船外型尺寸: 长约 7 米, 最大直径 2.7 米, 太阳电池翼翼展 10.7 米; 生活舱总容积约 103 立方米; 太阳电池功率约 1 千瓦。

它的主要任务是把航天员送入"和平"号空间站，待航天员完成任务后再把航天员送回地面。

2009 年，莫斯科时间 3 月 26 日 14 时 49 分，
"国际空间站"第 19 考察组成员乘坐俄"联盟"TMA－14
载人飞船从哈萨克斯坦拜科努尔航天发射场升空，奔赴国际空间站。
美国亿万富翁西蒙尼成为世界上首位两度探访太空的游客。

1986 年 5 月 21 日，"联盟"TM 首次试飞时不载人。截止到 2002 年 4 月，"联盟"TM 飞船总共进行了 33 次载人飞行，创造了载人到空间站上长期生活的一系列新纪录。1994 年 1 月 8 日，乘第 18 艘"联盟"TM 升空的俄罗斯航天员波利亚科夫，在"和平"号上创造了连续逗留 438 天的世界纪录。

由于"联盟"飞船的可靠性,"联盟"TM-31~"联盟"TM-34已经开始作为国际空间站的运输飞船及救生艇。2002年10月29日,俄罗斯发射了新型的改进飞船"联盟"TMA-1代替空间站上的"联盟"TM-34。"联盟"TMA采用了更人性化的设计,座舱内空间增大,可以运送个子更高、体重更大的航天员。"联盟"TM能运送身高164~182厘米、体重56~85千克的航天员,而"联盟"TMA可以运送身高150~190厘米、体重50~95千克的航天员。设计人员还改进了座椅结构、降落伞、操纵模块和呼救信号装置等,即使坐在左右两侧的航天员体重相差45千克也能在降落时保持平衡,落地更加"柔软"。2003年4月26日,"联盟"TMA-2发射升空,两天后与空间站对接。

从1967年4月"联盟"1号首次飞行到今天,30多年的实践证明,"联盟"飞船是一种经久耐用、性能良好的运输飞船,这棵"常青树"还将在整个人类的航天事业中继续发挥作用。

···▶ 知识点

机动变轨的方式

在火箭发动机推力作用下,使宇宙飞行器从一个运行轨道转移到另一运行轨道的过程。有两种:

(1)共面变轨。指最终轨道面与初始轨道面重合的变轨;

(2)空间变轨。指改变轨道面的变轨。变轨需考虑能量耗损和变轨时间。

"神舟"飞船:中华民族的骄傲

1994年初,"神舟"这个名字最终从众多的方案中脱颖而出。从此,我国自主制造的载人飞船有了名字——"神舟"。从字面上看,"神舟"意为"神奇的天河之舟",又是"神州"的谐音,象征着飞船研制得到了全国人民的支持，是四面八方、各行各业大协作的产物；同时，"神舟"又有神气、神采飞扬之意，预示着整个中华民族都将为飞船的诞生而无比骄傲与自豪。

中国载人航天工程于1992年立项，经过7年的艰苦努力，初步建立了载人航天科学。技术与工程体系突出了主要关键技术，载人准备工作进展顺利。经过多年充分的研究论证，我国的科学家对于载人航天的目标及其途径形成了明确意见。由于"神舟"飞船设计起点高，系统复杂，所以在正式载人飞行前进行了多次无人飞行实验来验证其设计可靠性，以确保飞行安全。

"神舟"载人飞船全长8.86米，最大处直径2.8米，总重量达到7790千克。"神舟"飞船采用的是典型的"三舱一段"式结构。从构型上来说，它由返回舱、轨道舱和推进舱以及一个附加段组成。

返回舱是载人飞船唯一返回地球的舱段，飞船起飞、上升到入轨及返回着陆时，航天员都在返回舱内。"神舟"飞船的返回舱是一个钟的形状，其舱门与轨道舱相连，航天员通过这个舱门可以进入轨道舱。

"神舟"飞船的轨道舱呈圆桶形状，是航天员工作、生活和休息的地方。轨道舱的后端底部设有舱门，与返回舱相连接，航天员通过这个舱门可以进入返回舱。轨道舱外部两侧装有两个像小鸟翅膀一样的太阳电池翼，轨道舱所需要的电能就是由这两个电池

"神舟"号太空飞船

翼提供的。

推进舱又称设备舱，其形状是圆柱形的，舱内安装发动机和推进剂，其使命是为飞船提供姿态调整和进行轨道维持所需的动力，飞船电源、环境控制和通信等系统的一部分设备也安装在这里。推进舱外部两侧安装了两个太阳电池翼，为飞船提供所需的电能。加上轨道舱上的两个太阳电池翼，"神舟"飞船上共有四个太阳电池翼。

中国"神舟"1号太空飞船飞行示意图

1999年11月20日，"神舟"1号实验飞船成功进入太空，在轨道运行了14圈后顺利按照预定程序返回，并准确着陆。其后，"神舟"2号～"神州"4号又顺利升空，中国载人航天向载人飞行迈出了重要的一步。

2003年10月15日，我国自主研制的"神舟"5号飞船载着中国第一名航天员杨利伟顺利升入太空。在飞船的返回舱内还搭载有一面具有特殊意义的中国国旗、一面北京2008年奥运会会徽旗、一面联合国国旗、人民币主币票样、中国首次载人航天飞行纪念邮票、中国载人航天工程纪念封和来自祖国宝岛台湾的农作物种子等。

"神舟"5号飞船的发射成功，使我国成为世界上第三个能独立进行载人航天飞行的国家，也让我国正式成为太空俱乐部的一员。

2005年10月12日，"神舟"六号飞船搭载航天员费俊龙和聂海胜发射升空，于10月17日成功返回。

"神舟"5 号太空飞船太空航行

"神舟"六号飞船有以下特点：起点很高，飞船具有承载 3 名航天员的能力；一船多用，航天员返回后，轨道仓可以在无人值守的状态下，作为卫星继续利用半年，甚至可以在今后进行交会对接实验；返回舱的直径大，直径是 2.5 米；飞船返回非常安全，这方面已经进行过全面的测试。

在飞行中，航天员进入了轨道船舱，在失重状态下进行了多项人体生理实验，第一次获得了"真正"的数据。此次飞行标志着我国载人航天工程第二步的开始。

2008 年 9 月 25 日，"神舟"7 号飞船载 3 名航天员翟志刚、刘伯明、景海鹏成功升空，并且在轨道运行中实现一名航天员出舱行走。我国真正意义上在太空中留下了中华民族的脚印，也为今后的载人航天后续工程及其以后的探月工程和远地外太空探测，打下了坚实的基础。

"奥赖恩"：飞向更遥远的太空

2006 年 8 月 31 日，美国宇航局正式宣布，选定洛克希德—马丁公司为其设计、制造名为"奥赖恩"的新一代载人航天器，送宇航员重返月球乃至登陆火星。此举也标志着美国新一阶段载人航天计划正式启动。

"奥赖恩"在英文中是"猎户星座"的意思，猎户星座是天空中最明亮的星座之一，是大家十分熟悉而且极易辨认的星座。2010 年，"奋进"号、"阿特兰蒂斯"号和"发现"号航天飞机都将退役，"奥赖恩"将成为美国载人太空探索的主要工具。

新设计的"奥赖恩"融入了计算机、电子、生命支持、推进系统及热防护系统等领域的诸多最新技术。它的外形为圆锥状，这种形状被认为是航天器重返地球大气层时最为安全可靠的外形设计。

"奥赖恩"飞船

"奥赖恩"的内部空间是 40 年前"阿波罗"飞船的 2.5 倍，最多可容纳 6 名宇航员。它的首次亮相飞行将不晚于 2015 年，届时宇航员将乘坐它飞往国际空间站。接下来至 2020 年前，"奥赖恩"将首次执行飞往月球的任务。

　　在实现登月后，"奥赖恩"还将飞往火星，但目前需要解决的是发动机燃料问题。"奥赖恩"号目前使用的是传统的自燃式液体燃料，如果条件成熟，未来飞往火星的飞船将使用甲烷当燃料，一方面推力更大，另一方面这种燃料可以由宇航员在火星上提取制造。

航天飞机的辉煌时代

HANGTIAN FEIJI DE HUIHUANG SHIDAI

　　航天飞机是可重复使用的、往返于太空和地面之间的航天器，结合了飞机与航天器的性质。它既能代替运载火箭把人造卫星等航天器送入太空，也能像载人飞船那样在轨道上运行，还能像飞机那样在大气层中滑翔着陆。航天飞机是航天史上的一个重要里程碑。

　　最初，美国设想可多次重复使用的航天飞机可以节约花费，但结果全然不同，每架飞机的研制费用非常高，而且每次发射费用竟达1亿多美元，因此至今只做了6架航天飞机："哥伦比亚"号、"挑战者"号、"发现"号、"亚特兰蒂斯"号、"奋进"号以及只用于测试的"企业"号。2011年2月24日，"发现"号航天飞机从佛罗里达州肯尼迪航天中心发射升空，前往国际空间站，这是服役近27年的"发现"号最后一次执行飞行任务，航天飞机的辉煌时代也将宣告结束。

能够重复使用的航天飞机

自第一颗人造卫星发射后，苏、美等发达国家的航天事业如雨后春笋般地发展起来，收益越来越显著，发射越来越频繁。但发射这些航天器所用的运载火箭十分昂贵，而且不可回收，巨大的耗资严重限制了航天事业的发展。因此，研制一种可重复使用的运输系统，以降低航天费用，成为继续发展航天事业的迫切需要。

早在20世纪30年代初，维也纳人赫费特、瓦里尔和桑格尔等曾提出用火箭发动机作动力装置的飞机，试图使用这种火箭在高空进行高速飞行，并形成以这种飞机进行空间飞行的设计思想。这也可以看做是航天飞机的早期设计思想萌芽。

这种火箭飞机不仅要飞离地球，而且还要能返回地面，并可以重复使用。虽然这是一种更经济、更全面的设想，但由于当时技术条件的限制，根本无法实现的。不过，发展一种可重复使用的火箭飞机来飞向宇宙空间的思想却从来没有被抛弃过，研究工作也从未间断。

第二次世界大战前夕，一些国家出于军事上的需要，许多设计师为了使飞机达到更大的高度和速度，曾尝试用火箭发动机作为飞机的动力装置。例如，1939年德国工程师冯·布劳恩利用以过氧化氢和甲醇作推进剂的火箭发动机，研制了 HE－178 型火箭飞机，时速曾达到850 千米；苏联也曾于1939 年设计过 RP－318 型火箭滑翔飞机。这类有人驾驶的火箭飞机的设计，对于发展可重复使用的载人空间运输系统都可以看作是一种有益的尝试和促进。

二战期间，德国曾计划给 V－2 火箭配置机翼，以制成一种自动控制的A－9 型火箭飞机。另外，还设计了 A－10 型两级火箭飞机。其第一级就是带机翼的 A－9 型火箭飞机，它可以使第二级火箭达到 35 分钟内飞行4000 多千米的速度。在这两项设计尚未实现时，战争就结束了。有关的研制人员先后到了美国和苏联，著名的火箭设计师冯·布劳恩则到了美国。

二战结束后，论述有关可重复使用火箭飞机的设计思想更加活跃，参加的科学家和工程师也越来越多。

1946～1947 年间，由美国贝尔公司设计的 X－1 型火箭飞机进行首次超音速飞行。

1947 年，美国曾报道过一种往返月球的两级可回收的空间运输系统。

1952 年，在美国的德国科学家冯·布劳恩全面论述了大型重复使用的助推器的概念。1954 年美国空军正式开始资助这项研究并取名为"保米计划"。1957 年在上述研究的基础上又形成了一个"轨道再入滑翔机"的计划，即所谓的"戴纳—索尔计划"，它的目的就是用火箭助推剂将滑翔机送到大气层以上，返回时利用滑翔无动力着陆。

实际上，这已体现了航天飞机的一些设计思想，但为当时技术力量所限，这些设计思想根本无法实现。

进入 20 世纪 60 年代，欧洲许多国家对发展航天飞机产生了浓厚兴趣，并希望与美国合作，但此时美国正全力以赴地开展登月计划，无暇旁顾，失去财力和技术支持的航天飞机研究只能陷入停滞。直到 1972 年美国才正式启动航天飞机计划，经过对方案的论证及研制经费、技术能力和时间的权衡后，最终选择了一个两极式、部分可重复使用的航天飞机的折中方案，并将其作为 70 年代美国航天计划的重点。

20 世纪 70、80 年代，苏联、法国和日本等国也相继开始研制航天飞机，但由于技术和资金等原因，至今只有美国成功建造了航天飞机并实际执行了太空任务。

航天飞机是以火箭发动机为动力发射到太空，能在轨道上运行，且可以往返于地球表面和近地轨道之间，可以部分重复使用的航天器。它由轨道器、固体燃料助推火箭和外贮箱三大部分组成。一架航天飞机轨道器背驮了一只巨大的、一次性使用的外贮箱，在外贮箱的两侧各有一只固体助推器。除了外贮箱不能回收外，其他主要部件都能回收和重复使用。

轨道器就是人们所称的航天飞机，外形与普通飞机非常相似。它是最复杂的部分，由洛克韦尔公司承包。轨道器长 27.21 米，翼展 23.79 米，机高

17.39 米，它的中部有一个长 18.3 米、直径 4.6 米的载荷舱。在轨道上，载荷舱门从中间向两侧张开，载荷由此发射，或在此进行回收、修理卫星以及科学实验等工作。它最多可载 7 名宇航员，最长飞行时间 30 天。

轨道器装有各种仪器设备，单是推力大小不等的发动机就有 49 台，其中三台是尾部安装的可调推力主发动机，每台推力 2058 千牛，可重复使用 50 次。其他小型发动机用于轨道和姿态调整，分布于轨道器四周。轨道器上装有 23 种天线，5 台计算机，各种控制、通信、导航和操纵系统。与宇宙飞船防热层不同，轨道器周围采用可重复使用的防热瓦，在面积为 1100 平方米的表面共安装了 24000 块防热瓦，重 7 吨，最高可承受 1650℃的高温。

外贮箱是航天飞机系统最大的部件，也是唯一不可回收的部件。它长 47.1 米，直径 8.38 米，空载质量 34.6 吨，可加装液氢液氧推进剂 700 吨，它由马丁公司承包。

两枚固体助推器由锡奥科尔公司承包。它们长 45.5 米，直径 3.7 米，质量 584.7 吨，单台最大推力 1.29 万千牛。为方便推进剂加注、清洗，助推器由 11 段连接而成，可分解和组装。对接处接口用卡口方式连接，四周用螺栓固定，并用两只"O"型密封圈密封。密封圈直径 0.71 厘米。

组装在一起的航天飞机总长 56.14 米，起飞质量 2040 吨，起飞推力 34562 千牛，最大着陆质量 104.33 吨，近地轨道运载能力 29.5 吨，极轨道运载能力 13.1 吨，横向机动距离为 2035 千米。从轨道上返回时，可带回载荷质量 14.5 吨。

为了实现"普通人也能坐航天飞机"的设想，航天飞机在起飞过程中的最大过载限制在 3 倍重力以下，在返回时过载限制在 1.5 倍重力以内。航天飞机在研制过程中，解决了一系列高难度的技术问题，包括研制可重复使用的高性能液氢液氧发动机、大推力可重复使用的固体助推器、可重复使用的航天飞机防热瓦等。

1976 年 9 月 17 日，第一架供试验用的航天飞机轨道器"企业"号交付。它经历了几年的各种试验。1979 年 3 月 24 日，首架用于轨道飞行的"哥伦比亚"号完成了装配，并空运到肯尼迪航天中心。

1981 年 4 月 12 日，美国东部标准时间上午 7 点 03.98 秒，世界上第一架实用的航天飞机"哥伦比亚"号从肯尼迪空间中心的 39A 发射台上起飞，在三台主发动机和两台助推发动机高达 340 万千克的推力下，轨道器稳稳地进入 241.3 千米高的圆形轨道。担任轨道飞行任务的是约翰·杨和罗伯特·克里平，主要目的是验证轨道器轨道飞行能力、稳定与操纵特性、再入与着陆特性，同时还试验入轨后货舱门的开闭特性以及机上惯性基准的建立。"哥伦比亚"号绕地球飞行了 36 圈后，于 14 日安全返回大气层，并着陆成功。

美国航天飞机经过试验和投入使用后，证明了它在技术上是成功的，能够执行以往航天器和火箭不能完成的任务，如回收、修理卫星、在轨发射卫星，实现了部分可重复使用等。

这次的首发成功，标志着人类载人航天进入了一个新纪元。

▶▶▶知识点

滑翔机

滑翔机是一种没有动力的装置，重于空气的固定翼航空器。它可以由飞机拖曳起飞，也可用绞盘车或汽车牵引起飞，更初级的还可从高处的斜坡上下滑到空中。在无风情况下，滑翔机在下滑飞行中依靠自身重力的分量获得前进动力，这种损失高度的无动力下滑飞行称滑翔。在上升气流中，滑翔机可像老鹰展翅那样平飞或升高，通常称为翱翔。滑翔和翱翔是滑翔机的基本飞行方式。

美国首艘航天飞机的升空

美国的第一艘航天飞机是"哥伦比亚"号，1981 年 4 月 12 日首次发射。截止到 2003 年 1 月 16 日，"哥伦比亚"号共飞行了 28 次。

它的名称来自一位美国船长罗伯特·格雷的单桅帆船。1792 年 5 月 11

日，格雷和他的船员穿过了河口宽达1000英里的危险沙洲，到达了今天的东南哥伦比亚、加拿大和华盛顿—俄勒冈的边界，这条河流从此便以此船命名。格雷是第一个完成环球航行的美国人，他和他的船员驾驶着"哥伦比亚"号并满载着水獭皮到达了法国、中国，然后回到波士顿。后来又有其他的船使用这个名字，所以"哥伦比亚"号这个名字传播开来，以至于"阿波罗11"号飞船登月计划中的指令舱也被命名为"哥伦比亚"。

"哥伦比亚"号长约56米，高约23米，相当于7层楼房高，起飞重量约2200余吨。它包括3个部分：航天飞机本身，两个固体燃料助推火箭和一个机外燃烧舱。

航天飞机分为3段：前段是乘员舱，可乘坐4~7人，紧急情况下可容纳10人；中段是有效载荷舱，用以装载人造卫星及各种科学实验仪器设备，最大载荷30吨，由于装置了遥控操纵臂，可在空间装卸货物；后段装有3台液体燃料主发动机，总起飞推力为510吨，此外，还装有两台机动发动机和制动控制系统等。航天飞机在离地面800千米的高空进入轨道，能连续运行7~30天。在完成任务后，它能经受住重返大气层时与空气摩擦产生的高温，靠机翼滑翔降落在约5千米长的跑道上。一般经过两周的检查、维修后它又可以重返宇宙。

两个固体燃料助推火箭，分挂在航天飞机的两侧机翼下，这两个火箭在回收后通常可重复使用20次以上。

机外燃料舱安装在航天飞机主体的腹部，是个巨大的铝合金壳体，装满燃料后重75.6458万千克。它实际上有前后两个燃料箱，一个能贮放150万升液态氢，另一个内装54万升液态

发射台上的"哥伦比亚"号航天飞机

氧。它们通过 5 根管子向航天飞机的主发动机提供燃料。

航天飞机的飞行过程可分为 3 个阶段，即发射上升，轨道飞行和返回地球。航天飞机发射时和火箭发射一样，在发射台上垂直起飞。此时航天飞机本身的 3 台主发动机和两个助推火箭几乎同时点火，总推力达 3140 吨。当它上升到 50 千米高空时，助推火箭熄火，并同航天飞机脱离，利用降落伞溅落在离发射场数百千米的海洋洋面上，由舰只回收。在快要进入绕地轨道运行时，主发动机熄火，机外燃料舱被抛弃、焚毁。此后依靠两台机动发动机使航天飞机进入绕地轨道运行。

轨道飞行不需要动力。当航天飞机昼夜不息地绕地球运行时，宇航员们便可以根据预定目标从事各项科学实验或其他活动。

当航天飞机需要返回地球时，只要重新点燃机动发动机，制动减速，使航天飞机脱离绕地轨道，就能重新进入大气层。当它通过大气摩擦阻力减速后，便和普通滑翔机一样，依靠机翼完成最后的滑翔飞行。当然它所需要的机场着陆跑道比普通飞机的要长得多，因为它的着陆速度是 341～364 千米/时。

由于航天飞机在发射和返回时的速度比火箭要低得多，这就大大放宽了对宇航员的要求，使普通的健康人都可以参加太空飞行，这就为科学工作者直接进入空间从事科学研究创造了条件。

为了保证宇航员有较舒适的生活和工作环境，航天飞机的设计师们作了很大努力。机舱包括 3 部分：上舱为驾驶舱；中舱为生活间，有寝室、浴室、厕所、厨房等生活设施；下舱是贮藏室。此外还有密封舱、空间实验室等。驾驶舱与一般喷气飞机的驾驶舱相似，左右各有两个驾驶员座椅，另外还设有两个机组成员的座椅。在正式执行飞行任务时，驾驶舱可坐 4 人。驾驶员的前方、上方是各类仪表、指示盘和操纵器。在航天飞机里，宇航员不用再穿不便于活动的宇航服，寝室的卧具使用的是睡袋，睡觉时另用眼罩和耳塞。厨房内有冷热水管、橱柜、烤炉和垃圾箱等。食品贮藏箱最多可贮藏 7 个人飞行 30 天所需的食品。吃饭已经可以不用像挤牙膏那样把食物送到嘴里，而能用刀和叉，可食用厨房里做出来的比较可口的饭菜。此外还有经过稳定化处理的冷冻干燥的食品可供食用。

　　"哥伦比亚"号航天飞机的第一次载人试验飞行是在 1981 年 4 月 12 日开始的。当官方正式公布"哥伦比亚"号处女航日期后，全世界都开始热切关注。报名前来采访的文字和摄影记者及技术人员约 4000 人，其中有 400 多名外国记者。有些记者是头天晚上，甚至数天前就用汽车拖着活动房子来到这里，以选择"最佳地形"。在佛罗里达州卡纳维拉尔角沿海几十千米内，观看发射的美国和外国游客近 100 万人，其热闹程度可与"阿波罗"11 登月飞行媲美。这天天气晴朗，风和日丽，风速、云层、能见度都符合要求。所有观看发射的人都全神贯注地盯着 39A 发射台上的"哥伦比亚"号，盼着它腾飞上天。

　　参加处女航的是 50 岁的指令长约翰·杨和 43 岁的驾驶员罗伯特·克里平。这两名宇航员都有 12000 小时以上的飞行经验。为了这次处女航，他们自 1978 年 1 月份起，就进行了每周 25 小时的刻苦训练。单模拟驾驶舱练习就进行了 1200 多小时训练，训练内容还包括"万一 3 台发动机中的两台失灵该怎么办"这类应急措施。

　　"哥伦比亚"号首航于 1981 年 4 月 12 日美国东部标准时间 7 时整发射成功。"哥伦比亚"号绕地球飞行了 36 圈后，于 14 日安全返回大气层，并着陆成功。随后，被安置在一架波音 - 747 大型喷气客机背上，运回肯尼迪角维修，以备下次使用。据航空航天局官员宣布，"哥伦比亚"号的首航"情况异常好"。"哥伦比亚"号首航成功，使美国举国上下大为振奋。

　　5 月 19 日，里根总统在白宫隆重欢迎约翰·杨和罗伯特·克里平，为他们授勋，接着又在玫瑰园搭起的一个帐篷里请他们和他们的夫人一起共进午餐。这些都表明，美国费了近 10 年时间，花了近 100 亿美元研制成功的航天飞机，使美国的载人宇航事业发展到了一个新的水平，它在国内受到普遍好评和重视。

　　1981 年 11 月 12 日当地时间上午 10 时 10 分，世界上第一个可重复使用的宇宙飞行器"哥伦比亚"号航天飞机，在佛罗里达州卡纳维拉尔角肯尼迪航天中心发射上天。"哥伦比亚"号第二次试飞的宇航员是 49 岁的约瑟夫·恩格尔和 43 岁的理查德·特鲁利。按原计划，宇航员将飞行 5 天 4 小时，绕

"哥伦比亚"号航天飞机升空

地球 83 圈，可是当飞机上天进入轨道绕地仅 3 圈后，宇航员即发现一号燃料电池温度过高，功能失常，于是，休斯敦地面控制中心不得不命令他们启用备用电池。

1965 年以来，美国载人宇宙飞行都使用这种电池，一般每次仅使用其中的一个即可，从未发生过故障。由于这种电池在飞机返航降落时还将供应返航发电机用电，地面控制中心担心如果继续按原计划运行，一旦备用电池再出毛病，宇航员将被困在太空无法返回，于是命令恩格尔和特鲁利提前返航。11 月 14 日当地时间下午 1 时 23 分，两位宇航员在空间飞行 36 圈后平安归来。

虽然这次飞行提前返回，但 90% 的原定实验项目均完成了。它的再次成功飞行表明，航天飞机作为可重复使用的宇航工具是可行的。因此，美国航空航天局又决定定制另外 3 架航天飞机，即"挑战者"号、"发现"号和"阿特兰蒂斯"号，并相继投入使用。

"哥伦比亚"号航天飞机的最后一次飞行是在 2003 年 2 月 1 日。"哥伦比亚"在代号 STS－107 的第 28 次任务重返大气层的阶段中与控制中心失去联系，不久后被发现在德克萨斯州上空爆炸解体，机上 7 名太空人全数罹难。

"哥伦比亚"号上的部分宇航员

这是继 1986 年"挑战者"号爆炸后，美国发生的第二次航天飞机失事事件。

事故发生后，"哥伦比亚"号航天飞机事故独立调查小组公布了关于航天飞机失事原因的最终报告。报告指出，美国国家航空航天局长期以来在安全问题上的放松和疏忽导致了这起悲剧的发生。

为了避免事故的再次发生，美国航空航天局对航天飞机进行了改进，其内容包括：重新设计附着在航天飞机外部燃料贮箱上的泡沫防热瓦；调整航天飞机防热系统；改进航天飞机在发射时的地面拍摄和雷达探测范围；在航天飞机上安装多台摄像机，以便补充拍摄发射图片；研究改变航天飞机返回时的轨道，尽可能使机翼前缘和隔热瓦的加热温度降到最低。

2006 年 7 月，美国航天飞机再次恢复飞行。

知识点

固体火箭燃料

大、中、小型火箭的燃料有很大的不同，小型火箭的燃料就是火药，有单基、双基、三基等等。单基只有一种成分，无烟火药，黑色火药都可以；双基是无烟火药加硝化甘油；三基有三种主要成分，无烟火药加硝化甘油和

77

高能炸药。大型的火箭燃料基本上是用橡胶：聚硫橡胶（美国第一代固体火箭用），聚氨酯（现役固体火箭常用）。氧化剂基本上用高氯酸盐或者高氯酸铵（后者就是无烟火箭），还可以用硝酸铵。橡胶容易成型，可以做成大直径的箭体。

震惊世界的"挑战者"号失事事件

"挑战者"号航天飞机是肯尼迪航天中心发射的第二架航天飞机，其名字来源于英国海军的一艘研究船。19 世纪 70 年代，该船曾在大西洋和太平洋中航行过。"阿波罗" 17 号的登月舱也曾被命名为"挑战者"。

"挑战者"号在结构、材料和设备方面都在"哥伦比亚"号的基础上作了改进。它的尾翼、起落架舱门等改用了轻型蜂窝材料，机外燃料舱和固体燃料助推火箭用的钢板也比较薄，并取消了一些支 83 架结构，因此总重量比"哥伦比亚"号航天飞机轻 4500 千克，这样它的运货能力就相应提高了。

"挑战者"号航天飞机座舱内的弹射座椅被拆除，换上了 4 个乘员组的座椅，进行这项改进的目的是想使座舱更宽敞一些。此外，"挑战者"号航天飞机对机身外粘贴的硅瓦也作了改进，提高了抵御高温的能力，增强了黏着力。

"挑战者"号航天飞机开发初期原本是作为高拟真结构测试体，但在"挑战者"号完成初期测试任务后，被改装成正式的轨道载具，并于 1983 年 4 月 4 日在 39A 发射台正式进行首航任务。

"挑战者"号航天飞机的首航与"哥伦比亚"号首航不同，它除了对自身飞行能力进行试验外，还直接带有任务。其中最主要的是把一颗 2.5 吨重的"跟踪和数据中继卫星"送入空间轨道。美国国家航空航天局将以这个卫星作为中继站，保持地面、航天飞机以及在空间轨道运行的 26 个有效载荷卫星之间的通讯联络。

"挑战者"号的第二项任务是让两名宇航员在空间"行走"，以试验新的宇航服的效用，以及为将来宇航员在轨道回收或修复人造卫星积累经验。实

"挑战者"号航天飞机

现空间"行走"的两名宇航员分别是 47 岁的马斯格雷夫和 49 岁的彼得森。马斯格雷夫首先飘入真空，接着彼得森也跟出去了。先是飞机上密封舱与货舱之间的气闸室的圆门缓缓打开，货舱里很空，一根 18 米长的缆绳自货舱的一端通到另一端，两人都把自己宇航服上拴着的保险绳的一端，系在缆绳上。这根保险绳长 15 米，既可以保证他们在宇宙空间自由"行走"，又可以避免他们"飘"离货舱。当货舱舱门大开的时候，他俩在失重、真空的货舱内穿着宇航服来回走动，伸臂屈腿，飘飞蹦跳，并打开工具箱，取出各种特制工具，以试验穿着宇航服是否灵活，能否从事操作。由于"行走"情况良好，他们"行走"了 4 小时。

"挑战者"号航天飞机的再一个试验项目是把一批植物种子带上天去。这是乔治·帕克公司负责人向国家航空航天局付了 3000 美元购买的试验权利。乔治·帕克的商业头脑使他对未来的空间站和空间城产生了浓厚的兴趣。他相信当人类带着文明到空间城去定居时，也必须要带去种子，这就会给他的事业带来利润。

帕克的实验种子共有 46 个品种，他把这些种子分成 4 份。一份种在南卡罗来纳州，一份种在卡纳维拉尔角。另两份 13.3 千克重的种子装在特制的罐内，带到宇宙，但它们的包装情况不同，其中一份装在简易的涤纶袋里，让种子接触真空、温度变化和宇宙辐射，另一份种子置在密闭的袋子里。当这两份"上过天"的种子返回地面后，将由研究人员把它们种在实验园地里。这 4 批种子的发芽、生长情况，将向帕克提供有实用价值的数据。

再一项试验是由宇航员马斯格雷夫医生做的实验。很早以来，人们就对在宇宙这个真空失重的自然环境中从事商品生产发生了浓厚的兴趣。马斯格雷夫进行的就是生产极纯药物的试验。另一项在医学上得到应用的实验是制造微小精致的乳胶球，用于对癌症的研究。这些试验的最终目的是要在太空建立工厂，实现太空的商业化利用。

在这次航天飞行中，还进行了一项在宇宙空间试制雪的结晶的试验。日本费时 8 个月研制了"人工雪宇宙实验装置"，于 1982 年 11 月 3 日运到肯尼迪航天中心。但直到"挑战者"号航天飞机结束首航任务时，这个装置始终没有产生雪花结晶。此外，"挑战者"号也还带有一些其他试验项目。

1984 年 4 月 9 日，运行 5 天，绕地 80 圈，飞了 330 万千米的"挑战者"号航天飞机，于当地时间下午 1 点 54 分降落在爱德华兹空军基地的第 22 号跑道上。

1986 年 1 月 28 日，在美国佛罗里达州卡纳维拉尔角宇航中心，"挑战者"号航天飞机安静地竖立在 39B 发射台上，等着两枚固体燃料助推火箭帮助它克服地心引力，去遨游太空。按照飞行计划，它将把一个通讯卫星和全套观察哈雷彗星的仪器送入轨道。

这时美国已经拥有 4 架航天飞机了。它们分别是"哥伦比亚"号、"挑战者"号、"发现"号和"阿特兰蒂斯"号（又译"大西洲"号）。"挑战者"号自 1983 年 4 月完成处女航之后，已经 9 次进入宇宙。现在，这架航天飞机将要进行它的第 10 次航行。

此刻，在"挑战者"号巨大的座舱里，7 名机组人员正在进行起飞前的最后一次检查准备工作。他们分别是：46 岁的指令长弗朗西斯·斯科比，40 岁的驾驶员迈克尔·史密斯，36 岁的朱迪思·雷斯尼克（女），35 岁的罗纳德·

"挑战者"号航天飞机发生爆炸

麦克奈尔（黑人），39 岁的埃里森·鬼冢（美籍日本人）和 41 岁的格雷戈里·贾维斯，机组的第七位成员便是举世瞩目的女教师、37 岁的克里斯塔·麦克利夫。

当地时间上午 11 点 38 分，也即格林尼治时间 16 点 38 分，经检查一切正常的"挑战者"号航天飞机正式点火发射。它的尾部拖着熊熊的火柱，以 3 倍于音速的速度，顺利地从发射架上升起。发射后一分钟，控制中心向指令长斯科比下达命令："开足马力。"斯科比回答："是，是，开足马力。"这是"挑战者"号航天飞机上 7 名机组人员留下的最后一句话。

当航天飞机升到 3048 米的高空时，"挑战者"号上的无线电联络和遥测系统突然中断，随之一声爆炸，仅仅飞行了 73 秒钟的航天飞机被一个大火球吞没。接着，许多飞机残骸碎片带着黄白色浓烟，坠入发射地点以东约 29 千米的大西洋上。溅落持续了将近 1 小时，以至救援人员无法及时进入出事地点。

美国的航天飞机都没有弹射座椅，为了使座舱显得宽敞舒适些，原先设

1986 年 1 月 28 日，美国"挑战者"号航天飞机升空几十秒钟后爆炸，机上 7 名宇航员全部遇难。

计的弹射座椅被普通飞行椅取代了。当飞机在发射台上出毛病时，机组人员可以借助救生滑座迅速离开飞机，但是倘若飞机离开发射台升空之后再发生故障，机组人员就走投无路了。巨大的燃料箱里装有 200 万升高度挥发的液氢和液氧，"挑战者"号的爆炸，犹如一个大弹药库被炸，7 名机组人员顷刻间全部丧生，无一幸免。

"挑战者"号的机毁人亡使美国国会议员们大惊失色，正在开会的参众两院，立即宣布休会。举行了默哀仪式后，整个国会的工作人员及议员们都聚集在电视机前，默默地等待着这场悲剧的结局。

事故原因最终查明：起因是助推器两个部件之间的接头破损，喷出的燃气烧穿了助推器的外壳，继而引燃外挂燃料箱。燃料箱裂开后，液氢在空气中剧烈燃烧爆炸。当然，导致这场事故的间接原因也很多，包括技术问题、飞行程序问题、管理问题等等。

尽管出了"挑战者"号爆炸事故，但是航天飞机的出现，仍然是人类载人宇航史上的一个里程碑。

弹射座椅

飞机或载人航天器遇难时依靠座椅下的动力装置将飞行员、航天员弹射出机舱，然后张开降落伞使飞行员安全降落的座椅型救生装置。其工作原理是，靠着座椅的上升力，用座椅顶部将座舱盖击穿，使飞行员和座椅出舱。

由于旧式弹射座椅没有火箭弹射座椅的火箭动力，因此无法在超低空条件下使用，飞行员的生存几率相对较小，早已被淘汰，但由于安装有该类座椅的飞机数量多，并且仍在部分发展中国家服役，因此提及一下，但终会随着新型飞机的装备而淡出历史舞台。虽然目前世界上所有的火箭弹射座椅都具备在零高度零速度（接近静态）的条件下弹射并成功开伞的功能，但飞行员能否安全着地，还受很多因素的影响，例如速度、角度，弹射角度等等，所以说弹射座椅只是一件尽可能保证飞行员生存的工具，并不是绝对安全的逃生设备。

战绩辉煌的"发现"号航天飞机

"发现"号航天飞机是美国建造的第三架航天飞机，于1983年11月建造完成，1984年8月30日首航，将于2010年退役，迄今为止仍在服勤中，负责进行各种科学研究与作为"国际太空站计划"的支援。

"发现"号名字来源于历史上著名的探险船只，一艘是18世纪70年代英国探险家詹姆斯·库克在南太平洋航海探险时所用船只之一，他驾驶着这艘小船在南太平洋航行，成为第一个踏上夏威夷群岛的非土著居民；另一艘是1610~1611年探险家亨利·哈得逊在加拿大哈得逊湾搜寻大西洋和太平洋之间的西北水道时所用船只。"发现"号的名字在人类地理探索史上拥有极重要的地位，并在人类太空探索史中得到延续。

"发现"号的专业名称为"OV-103"，即"轨道飞行器103"。它的机身长 37.2 米，翼展达 23.8 米，载货舱长 18.3 米，横断面直径 4.6 米。

在历次发射中，"发现"号战绩辉煌，曾将包括"哈勃"太空望远镜在内的 20 多颗各类卫星及探测器送入太空。1995 年，"发现"号又一次上了头条新闻。它在第一位女航天飞机驾驶员柯林斯的操纵下飞过了"和平"号空间站。"发现"号还部署了几颗军事和研究卫星（包括其他国家的卫星）。

"发现"号航天飞机

2000 年 10 月 11 日，"发现"号航天飞机在佛罗里达州的肯尼迪航天中心再次发射升空。这次飞行十分引人瞩目，因为这是航天飞机的第 100 次飞行。

"发现"号航天飞机原定于 2000 年 10 月 5 日升空，但就在即将发射时，美国国家航空航天局地面指挥中心下令将发射推迟 24 小时。可到了第二天，又有新的问题出现，计划不得不再次被推迟，并决定于 10 月 9 日发射。然而，天公不作美，大风天气再次使"发现"号留在了地面。

"发现"号航天飞机第一次推迟发射是因为出现了两个技术故障：一是燃料箱的一个门闩有问题；二是"发现"号航天飞机主推进系统控制燃料流速的一个阀门开启和闭合的速度过慢，工程技术人员怀疑它存在故障，需进入发动机机舱内查看。等到这些问题都解决后，天气问题却又接踵而来，发射继续推迟。在 10 月 10 日"发现"号准备发射的前几小时，工作人员对"发现"号进行例行检查时，又发现了一枚 10 厘米长的别针落入了"发现"号主体与燃料水槽之间。为了消除安全隐患，美国航空航天局决定再次推迟"发现"号的发射时间。尽管"发现"号航天飞机在发射前历经坎坷，但终于在10月11日顺利升空，从而开始了美国航天飞机的第100次飞行。

执行这次飞行任务的"发现"号航天飞机机组成员共有7人，其中包括一名日本航天员和一名美国女航天员。指令长是经验丰富的布莱恩·杜菲，驾驶员是帕姆·梅尔罗，后者是美国太空史上近20年来第三位担任航天飞机驾驶员的女航天员。这次飞行中航天员们不仅将2个新部件安装到位，而且还进行了一次前所未有的演习：模拟抢救在太空作业中受伤的航天员，模拟将殉职的航天员遗体带回航天飞机。

"发现"号航天飞机发射瞬间

10月15日，"发现"号航天飞机上的2名航天员在机械臂的协助下，成功地实施了本次飞行任务中的首次太空行走。他们不但为"国际空间站"的新组件Z-1桁架接好了动力电缆和数据线，而且重新调整了"发现"号航天飞机上天线的位置，还安装了一个工具箱。然而由于"发现"号航天飞机上的通信天线出现了故障，因此无法将航天员太空行走时的实况传送回地球，地面站所接收到的图像也是一些断断续续的电视信号片断。在这次飞行中，航天员们在太空中行走了4次，总共花费了27小时19分钟。至此，美国近20年的航天飞机飞行史中，航天员在航天飞机外总共进行了54次太空行走。

在这次飞行中，"发现"号的航天员们还为"国际空间站"迎接第一批"常住"居民做了很多的准备工作。

"发现"号原计划于 10 月 22 日在佛罗里达州卡纳维拉尔角着陆，飞行控制中心 22 日也曾两次计划让航天飞机着陆，但因肯尼迪航天中心上空的强风活动，迫使"发现"号航天飞机的着陆时间一再推迟。"发现号"航天飞机在太空滞留 2 天后，于 10 月 24 日在爱德华兹空军基地顺利着陆，结束了为期 13 天的"国际空间站"之行。

"发现"号航天飞机的此次上天是美国航天飞机 20 年来的第 100 次发射，同时也是最艰难的一次。尽管美国并不想就此大做文章，但新闻界还是称此次发射是一次真正的"里程碑"。

历次任务表

日期	任务代号	附　注
1984 年 8 月 30 日	STS－41－D	发射两颗通讯卫星。
1984 年 11 月 8 日	STS－51－A	发射两颗救援与两颗通讯卫星。
1985 年 1 月 24 日	STS－51－C	发射一颗隶属美国国防部的电子情报卫星。
1985 年 4 月 12 日	STS－51－D	发射两颗通讯卫星。
1985 年 6 月 17 日	STS－51－G	发射两颗通讯卫星。
1985 年 8 月 27 日	STS－51－I	发射三颗通讯卫星。
1988 年 9 月 29 日	STS－26	"挑战者"号发生意外后首次恢复的航天飞机飞行任务，发射一颗 TDRS（追踪与资料中继卫星）。
1989 年 3 月 13 日	STS－29	发射一颗 TDRS。
1989 年 11 月 22 日	STS－33	发射一颗 ELINT 卫星。
1990 年 4 月 24 日	STS－31	发射哈勃太空望远镜。
1990 年 10 月 6 日	STS－41	发射尤里西斯太阳探测器。
1991 年 4 月 28 日	STS－39	发射美国国防部空军 675 号卫星。
1991 年 9 月 12 日	STS－48	酬载上大气层研究卫星。
1992 年 1 月 22 日	STS－42	酬载国际微重力实验室一号。
1992 年 12 月 2 日	STS－53	酬载美国国防部所委托的设施。

（续表）

日期	任务代号	附　注
1993 年 4 月 8 日	STS – 56	酬载大气实验室二号。
1993 年 9 月 12 日	STS – 51	发射先进通讯技术卫星。
1994 年 2 月 3 日	STS – 60	酬载真空尾迹屏罩设备。
1994 年 9 月 9 日	STS – 64	进行 Lidar 内太空技术实验。
1995 年 2 月 3 日	STS – 63	与"和平"号太空站会合。
1995 年 7 月 13 日	STS – 70	发射第七颗 TDRS 卫星。
1997 年 2 月 11 日	STS – 82	维修哈勃太空望远镜。
1997 年 8 月 7 日	STS – 85	载运与装设低温红外线频谱仪与望远镜。
1998 年 6 月 2 日	STS – 91	最后一次进行航天飞机与和平号太空站间的泊靠任务。
1998 年 10 月 29 日	STS – 95	约翰·葛伦的第二次太空飞行，使他成为世界上年纪最大的太空人。
1999 年 5 月 27 日	STS – 96	"国际空间站"补给任务。
1999 年 12 月 19 日	STS – 103	维修哈伯太空望远镜。
2000 年 10 月 11 日	STS – 92	"国际空间站"组装任务。
2001 年 3 月 8 日	STS – 102	"国际空间站"的人员轮调任务，
2001 年 8 月 10 日	STS – 105	"国际空间站"人员与补给运送任务。
2005 年 7 月 26 日	STS – 114	"哥伦比亚"号解体意外后首次航天飞机返回太空任务，"国际空间站"人员与补给运送任务，新安全装置测试。
2006 年 7 月 4 日	STS – 121	"国际空间站"人员与补给运送任务。
2006 年 12 月 9 日	STS – 116	"国际空间站"组装与人员轮调任务。
2007 年 10 月 23 日	STS – 120	"国际空间站"组装与人员轮调任务，安装"和谐"号（太空舱）节点
2008 年 05 月 31 日	STS – 124	运送"希望"号日本实验舱的加压舱段飞往"国际空间站"。
2009 年 3 月 15 日	STS – 119	运送太阳能电池板等组件前往"国际空间站"。

（续表）

日期	任务代号	附　注
2010 年 4 月 5 日	STS - 132	携带 7 名宇航员前往"国际空间站"，其中有 3 名为女性，在"国际空间站"与 1 名女性宇航员会合，创造史上上太空的女性宇航员人数最多的纪录。

知识点

第一架退休的航天飞机

美国东部时间 2011 年 3 月 9 日，曾在太空中度过 352 天，出色担任了搬运工、科学家、外交官等各种角色的"发现"号航天飞机成功返回地球，着陆于佛罗里达州肯尼迪航天中心跑道，结束了自己的职业生涯，成为第一架退休的航天飞机。

"发现"号执行了 39 次太空飞行任务，13 次往返"国际空间站"，绕地球轨道 5830 圈，累计飞行 2.38 亿公里，总计搭载 180 人次前往"国际空间站"。按程序，"发现"号需要花费数月时间进行拆解、去有毒化学物质等一系列复杂的工序。最后，它才能趴在一架波音飞机的"身上"，飞去博物馆。

"阿特兰蒂斯"号：拉开俄美合建空间站的序幕

"阿特兰蒂斯"号是美国制造并投入使用的第四架航天飞机，它的航天专业名称为 OV - 104，即"轨道飞行器 104"。

"阿特兰蒂斯"的名字来源于美国马萨诸塞州伍兹·霍尔海洋学研究所 1930 ~ 1966 年间使用过的一艘重要的双桅帆船。这艘科学考察船是当时第一艘用于海洋科学研究的船只。

"阿特兰蒂斯"号从前任航天飞机中吸取了许多经验教训。在首飞时，它比"哥伦比亚"号轻 3240 千克。在轨道器组装中获得的经验，使"阿特兰蒂

"阿特兰蒂斯"号航天飞机

斯"号比"哥伦比亚"号减少了49.5%，这大部分源于在机身前部采用了防热敷层取代陶瓷片。

在建造"阿特兰蒂斯"和"发现"号的过程中，美国国家航空航天局选择不同的承包商生产一套结构备件，以便在出现偶然事件时方便修理。这些备件包括后机身、中机身、前机身、垂尾和方向舵、机翼和升降舵等。后来这些备件被用到了"奋进"号航天飞机上。

"阿特兰蒂斯"被船运到加利福尼亚进行升级和改装，包括加装减速伞、800个防热片以及起落架舱门换装新型绝缘材料等，共计在20个月内完成约165处改进。

采用模块化设计，整个系统包括三大模块：

（1）外部燃料箱

外表为铁锈颜色，主要由前部液氧箱、后部液氢箱以及连接前后两箱的箱间段组成。外部燃料箱负责为航天飞机的3台主发动机提供燃料。外部燃料箱是航天飞机三大模块中唯一不能重复使用的部分，发射后约8.5分钟，燃料耗尽，外部燃料箱便坠入到大洋中。

（2）一对固体火箭助推器

这对火箭助推器中装有助推燃料，平行安装在外部燃料箱的两侧，为航天飞机垂直起飞和飞出大气层进入轨道提供额外推力。在发射后的头两分钟内，与航天飞机的主发动机一同工作，到达一定高度后，与航天飞机分离，前锥段里降落伞系统启动，使其降落在大西洋上，可回收重复使用。

（3）轨道器

外形像普通飞机一样的轨道器就是人们通常所说的航天飞机，它是整个航天飞机系统的主体，相当于系统的"大脑和心脏"。机体分为机头、机身、机尾3段。机头是乘员密封舱，通常最多只容纳7人。机身是一个大货舱，可以与国际空间站对接，里面还安装有遥控机械臂，用于搬运货物或进行轨道器检查等工作。机尾是3台主发动机。

"阿特兰蒂斯"号于1985年10月3日首次飞行，执行代号STS－51－J的任务，主要酬载来自美国国防部，因此任务内容是国防机密，没有对外公开。

"阿特兰蒂斯"号继承了海洋考察船的探索精神，在之后的飞行中，它完成了多次举世瞩目的飞行任务，其中包括1989年把"伽利略"号木星探测器和"麦哲伦"号金星探测器送入太空，1991年将"康普顿"伽马射线望远镜送入太空。

从1995年开始，"阿特兰蒂斯"号相继执行了7次飞往"和平"号空间站的飞行任务，为此后俄美合作建设"国际空间站"拉开了序幕。

2002年4月8日，"阿特兰蒂斯"号航天飞机升空。它携带了一个类似

"阿特兰蒂斯"号航天飞机

"横梁"的桁架，桁架长约 13 米，重达 13.5 吨。这是"国际至间站"安装的第一个主要外部桁架，也是未来"国际空间站"外部结构的核心组件。该桁架上还附带了价值 1.9 亿美元的太空"铁轨"及小型轨道车，这"铁轨"主要供未来空间站上的机械臂滑行所用。按计划，"国际空间站"外部还安装其他 9 个类似构件，它们彼此相连，整个跨度预计将达到 110 米。19 日，在圆满完成对"国际空间站"铺设桁架的"施工"任务后，"阿特兰蒂斯"号航天飞机安全返回肯尼迪航天中心。

2007 年 6 月 8 日，"阿特兰蒂斯"号航天飞机进行了第 28 次太空飞行。它为"国际空间站"带来一组新太阳能电池板和 17.5 吨重的榴梁组件。"阿特兰蒂斯"号航天飞机于美国西部时间 6 月 22 日载着 7 名宇航员安全降落在加利福尼亚州爱德华兹空军基地。

2009 年 11 月 16 日，"阿特兰蒂斯"号再次发射升空，向空间站运送了重约 12.4 吨的备件。宇航员们此行进行了 3 次太空行走，在空间站托架上释放了两个平台，安装了通信天线以及高压氧气罐等，并为未来的太空行走作了准备工作。27 日平安降落在佛罗里达州肯尼迪航天中心，结束了为期 11 天的"国际空间站"之旅。

……

"阿特兰蒂斯"号是美国国家航空航天局现役 3 架航天飞机之一。美国国家航空航天航天飞机项目经理韦恩·黑尔曾表示，3 架航天飞机到 2010 年将全部退役，而"阿特兰蒂斯"号将首批退役。

知识点

减速伞

减速伞也叫阻力伞，是用来减小飞机着陆时滑跑速度的伞状工具。通常由主伞、引导伞和伞袋等组成，装在飞机尾部的伞舱内。飞机着陆滑跑中，由飞行员操纵打开伞舱门，引导伞首先张开，将伞袋拉出，打开主伞，伞衣被拉出张开后可增大空气阻力，向后拖拽飞机，使之减速，缩短滑跑距离。

最后的航天飞机："奋进"号

"奋进"号航天飞机是美国国家航空航天局肯尼迪太空中心旗下的第五架实际执行太空飞行任务的航天飞机，也是最新的一架航天飞机。"奋进"号空重68647千克，装发动机后重78088千克。

"奋进"号的名字来源于18世纪英国著名探险家、航海家和天文学家詹姆斯·库克的一艘船。1768年8月，库克为了观察和记录金星经过地球和太阳之间这一稀有现象，驾驶"奋进"号航行到了南太平洋，完成了它的处女航行。据载，"奋进"号的航行是历史上第一次完成长距离远洋航行后，仍无一人因患坏血病而死的航行。库克船长也因善于利用食谱治疗，而赢得了人们的信任。

"奋进"号航天飞机

从某个角度来说，"奋进"号是一艘"拼装"的航天飞机，它是以"发现"号和"阿特兰蒂斯"号的建造合约中一批同时生产的备用结构零件为基础，额外组装出来的，以便填补"挑战者"号意外坠毁后留下来的任务空缺。事实上，因为建造得晚，"奋进"号在建造过程中汲取了许多先前的教训，拥有更多新开发的硬件装备。例如，直径40英尺（1英尺≈0.3米）的减速伞，可缩短着陆滑跑距离1000~2000英尺；扩展续航时间的线路和管道使其具有执行长达28天任务的能力；改进的航空电子仪器包括通用计算机，增强的惯性仪器和战术导航系统、恒星追随系统、改进的前轮操纵系统；还加装了新型辅助动力系统，可用于驱动航天飞机的液压系统。

首次飞行是在1992年5月7日，这次飞行是航天飞机的第47次飞行。有三项主要任务：对轨道器本身进行验证；对国际通信卫星6F3实施回收、更换远地点发动机和释放；进行空间站在轨模拟组装练习。14日凌晨，卫星修理完后被重新在轨释放。练习空间站组装活动在14日下午进行，历时6小时，试验了大型构件的搬运和组装。16日，"奋进"号顺利返回地面。

历次任务

日期	任务代号	附　　注
1992年5月7日	STS－49	捕捉与重新部属 Intelsat（国际遥距通讯卫星组织）6号卫星。
1992年9月12日	STS－47	太空实验室 J 号任务。
1993年1月13日	STS－54	部属 TDRS－F（追踪与资料中继卫星）。
1993年7月21日	STS－57	进行太空实验室实验，回收欧洲可回收载具。
1993年12月2日	STS－61	首次哈勃太空望远镜维修任务。
1994年4月9日	STS－59	进行太空雷达实验室实验。
1994年9月30日	STS－68	进行太空雷达实验室实验。
1995年3月30日	STS－67	执行太空实验室 Astro－2 号实验。
1995年9月7日	STS－69	筹载真空尾迹屏罩设备与进行其他实验。
1996年1月11日	STS－72	回收日本的太空飞行器单元。
1996年5月19日	STS－77	进行太空实验室实验。
1998年1月22日	STS－89	与"和平"号太空站会合，进行人员交换。
1998年12月4日	STS－88	"国际空间站"组装任务。
2000年2月11日	STS－99	执行航天飞机地貌雷达任务实验。
2000年11月30日	STS－97	"国际空间站"组装任务。
2001年4月19日	STS－100	"国际空间站"组装任务。

（续表）

日期	任务代号	附　注
2001 年 12 月 5 日	STS – 108	"国际空间站"对接与人员交换任务。
2002 年 6 月 5 日	STS – 111	"国际空间站"对接与人员交换任务。
2002 年 11 月 23 日	STS – 113	"国际空间站"组装与人员交换任务。
2007 年 8 月 8 日	STS – 118	执行 4 次太空行走；安装"国际空间站"上整合结构支架的 S5 号支架；携带 SPACEHAB 公司 5000 磅重的货舱，是给"国际空间站"送去的给养和设备，第二位"太空教师"（现称为教师宇航员计划）也随本次任务进入太空（其前任为在挑战者号爆炸失事意外中身亡的克莉丝塔·麦考利夫）。虽然推进器下方的隔热瓦在发射升空时损坏，且"哥伦比亚"号航天飞机就是因机身另一处隔热瓦脱落而失事，但美国航空航天局仍判断损坏的部分不足以导致事故，决定在飞行期间不修复这个损坏的部分。由于担心 5 级飓风"迪恩"的影响会迫使任务控制中心撤离，因此"奋进"号比计划提前一天返回。
2008 年 3 月 11 日	STS – 123	运送日本"希望"号实验舱的保管室组件和加拿大的遥控机器人至"国际空间站"。
2008 年 11 月 14 日	STS – 126	与"国际空间站"对接。
2009 年 7 月 15 日	STS – 127	将日本"希望"号实验舱最后一个组件——"舱外曝露设施"运送到"国际空间站"。
2010 年 2 月 8 日	STS – 130	与"国际空间站"对接。

到 1996 年 4 月 12 日，航天飞机整整使用了 15 年，5 架航天飞机轨道器——"哥伦比亚"号、"挑战者"号、"发现"号、"阿特兰蒂斯"号和"奋进"号先后共进行了 76 次飞行。这 15 年 76 次飞行中，航天飞机的总航程超过 3.85 亿千米，绕地球总圈数 9366 圈，带入轨道的有效载荷超过 700 个，部署的有效载荷包括通信卫星、小型卫星和星际探测器共 54 颗，回收并修理卫星 9 颗，回收并带回地面的卫星 12 颗，送入轨道的各种载荷质量超过

1100 吨。作为实验平台，航天飞机多次携带望远镜、雷达、材料加工设备进入太空进行科学研究和技术实验。参加飞行的共 432 人次，共有 210 人参加了航天飞机的飞行，舱外活动次数 33 次，舱外活动总时间为 266.5 小时 31 分钟。人们在航天发射、太空科学实验、宇宙探测等方面，取得了巨大成就。

空间站时代的到来

KONGJIANZHAN SHIDAI DE DAOLAI

飞出地球仅仅是人类航天梦想的第一步，人类也不会满足于仅仅在太空做短暂的旅行。人们希望可以在太空建立可供长期生活和考察的基地，所以，建立空间站就成了非常必要的事情。

空间站是一种在近地轨道长时间运行，可供多名航天员在其中生活、工作和巡访的载人航天器。小型的空间站可一次发射完成，较大型的可分批发射组件，在太空中组装成为整体。在空间站中要有让人生活的一切设施，不需返回地球。

"国际空间站"结构复杂，规模大，体现了当今世界载人航天的最高水平。

打响发展空间站的"礼炮"

礼炮一般是表示敬礼或在举行庆祝典礼时放的炮。从 20 世纪 70 年代起，苏联在太空也放了几次"礼炮"——"礼炮"号系列空间站，从而拉开了空间站发展的序幕。

苏联在空间站计划上十分重视采取慎重、稳妥和循序渐进的发展方法。第一艘空间站"礼炮"号采取了如下设计原则：第一，简单性，可以大大缩短研制时间；第二，通用性，尽可能采用已有的且比较成熟的技术，以较少风险获得较大的成就；第三，渐改性，努力使空间站具有较大的发展潜力。"礼炮"号空间站大量应用了宇宙飞船的技术和成果。

第一个"礼炮"系列的空间站是"礼炮"1号。它由3个直径不同的柱形舱段组成，总长约14.5米，总质量约18.3吨。头部是直径2米的过渡舱，中间是双圆柱体工作舱，尾部是仪器、推进舱。为了保证宇航员操纵空间站运行和完成既定的实验与观测任务，"礼炮"1号空间站设置了7个工作台，分别用于操纵、控制、天文观测、科学实验，以完成各种观测与实验活动。

1971年4月19日，"质子"号运载火箭将"礼炮"1号空间站送入近地点200千米、远地点222千米，倾角为51.6°的轨道上，运行周期88.5分钟。经过9圈的地面测控，"礼炮"1号运行和工作正常。6月6日，"联盟"11号飞船载宇航员杜勃洛夫斯基、伏尔科夫和帕察耶夫进入轨道，经过6个小时的轨道机动，第二天，飞船与空间站对接。宇航员进行了多次机动飞行，测试了空间站内辐射水平，分析了宇航员血样，用 γ 射线望远镜进行天文观测，进行鱼类在"水"中运动实验，种植植物实验，研究了无线电信号的衰减，用照相机拍摄地球。6月29日下午7时，"联盟"11号与"礼炮"号分离。1小时后，宇航员操纵飞船降低轨道准备再入。直到此时，一切都很正常。但在反推发动机点火后不久，指令舱的一个压力调节阀在与轨道舱分离时被打开，舱内的空气很快泄出。由于宇航员没有穿宇航服，结果他们均因缺氧窒息而死。

祸不单行。1973年4月3日，"礼炮"2号升空。4月14日，正当"联盟"号飞船准备载人起飞时，"礼炮"2号在轨发生了故障，其运行变得混乱而不可控制。继续运行了55天后，"礼炮"2号于5月28日失去控制，坠入大气层烧毁。

不过苏联并没有灰心。1974年6月25日，"礼炮"3号进入一条219千米×270千米高的轨道。"礼炮"3号是一个军用型空间站，主要标志是站内安装了 10 米焦距的高分辨率相机，能连续对地球拍照。在进行了多次轨道调整，证明一切正常后，1974 年 7 月 13 日，"联盟" 14 号飞船载波波维奇和阿尔丘金进入轨道。1 天后，飞船与 "礼炮" 3 号对接成功。这 2 名航天员进入空间站后进行了天文和太阳观测、血样分析、微流星研究。7 月 19 日，航天员离开 "礼炮" 3 号，乘 "联盟" 14 号返回地面。除 "联盟" 15 号飞船与之对接失败外，"礼炮" 3 号的任务基本上完成了。1975 年 1 月 24 日，"礼炮" 3 号按指令点燃反推发动机，降低轨道并再入大气层。

"礼炮" 6 号

民用型 "礼炮" 4 号是苏联 5 座试验性空间站中运行时间最长的一座。它于 1974 年 12 月 26 日入轨，先后有 4 艘 "联盟" 号飞船与它对接，对接成功 3 次。其中两组航天员在 "礼炮" 4 号上工作生活共计 90 多天，开展了不少研究和实验活动，大获成功。此后，苏联于 1975 年 11 月 17 日发射了不载人的 "联盟" 20 号飞船，它完全靠自动系统与 "礼炮" 4 号进行对接。这次试验的目的是研究专门的货运飞船补充燃料、运送物资的可能性，从而有了后来的 "进步" 号货运飞船的出现，为试验性空间站的问世奠定了基础。"礼炮" 4 号于 1976 年 2 月 16 日坠入大气层。

1976 年 6 月 22 日，军用型空间站 "礼炮" 5 号发射成功。先后有 3 艘 "联盟" 号飞船与它对接，其中 2 艘对接成功。"礼炮" 5 号于 1977 年 8 月 28 日再入大气层。"礼炮" 5 号虽然有人的时间不多，但也进行了大量研究和实验活动，试验了许多新技术和新设备，其中许多任务仍是民用性质，包括金属冶炼熔化实验、晶体生长实验、天文观测、气象、森林及海洋观测、植物生长实验和其他生物实验等，取得的成果相当突出。

"礼炮"6号和"礼炮"7号是第二代空间站。这两座空间站解决的问题除进一步提高安全性和可靠性外，另两项重大的变化是延长寿命和扩展应用领域。为满足这两点，第二代空间站采取了多种措施，包括提高轨道高度、携带更多推进剂。它们有两个对接窗口，一个用于对接"联盟"号飞船，另一个用于轨道加油。为此，苏联专门研发了"进步"号加油飞船。另外，为进行舱外活动，空间站上侧还设有一个舱门和小型气闸舱，宇航员可通过这个门进入开放空间。空间站内的生命保障系统和废物处理及水再生系统也进一步得到标准化改造。新增加的专用设备主要有地球资源照相系统，它能够多路实时发送资源信息；有广角对地观测系统；全波段大气数据望远镜，可应用于气象观测和天文观测；此外还有恒星望远镜、零重力实验系统、生物实验装置等。经过这些改进，"礼炮6号"总质量约19吨，在轨运行时间可达5年。

1977年9月29日，一枚"质子"号运载火箭将"礼炮"6号空间站送入轨道。10月9日"联盟"25号飞船发射，但它与"礼炮"6号对接失败。12月10日，"联盟"26号发射，宇航员罗曼年科和格列契科开始进站工作。他们在轨时间为36天。12月10日，罗曼年科和格列契科进行了苏联航天史上的第二次太空漫步，时间长达88分钟。1978年1月10日，"联盟"27号发射并与空间站对接。这是首次由3个大型航天器对接在一起的对接行动，联合飞行时间为5天。1月22日，"进步"1号飞船发射并与"礼炮"6号对接，进行了首次轨道加油。到1979年底，苏联又先后发射了7艘"联盟"号飞船和6艘"进步"号加油飞船。在"礼炮"6号运行期间，共发射了16艘"联盟"号飞船、12艘"进步"号飞船和4艘"联盟"T飞船，共有33名宇航员进站工作，载人总时间为678天，宇航员在轨最长时间为185天。

"礼炮"6号在轨运行共58个月。宇航员在进站工作期间，完成了大量科学观测、地球资源观测、人体生物医学研究和技术实验，进行了大量半导体、晶体生长实验并用结晶炉及合金炉进行了金属冶炼实验。宇航员还首次在空间站熔化了玻璃，这使苏联科学家十分兴奋。这项工作对于制造高性能的光导纤维有重大意义。另外，"礼炮"6号还带来极大的国际影响。在它接纳的33名宇航员中，捷克斯洛伐克、波兰、民主德国、匈牙利、越南和古巴各有一名。

"礼炮"号空间站

　　1982年4月19日，"礼炮"7号空间站发射进入轨道。为适应新的任务和延长寿命，它作了一些小改动，科学仪器也有所增加或更新。5月13日，"联盟"T-5号飞船载宇航员别列祖瓦和列别多夫进入轨道，并于14日与"礼炮"7号对接成功，开始了对新空间站的使用。1986年6月25日送走了"联盟"T-15号飞船之后，便结束了它的使命。此后它又通过遥控进行了多次轨道调整。8月22日，它进入近地点475千米、远地点475千米的圆轨道。苏联预计它会在太空停留更长时间，但由于1986年后太阳活动剧烈，大气层膨胀，"礼炮"7号的轨道逐渐衰减。经过4年多没有任务情况下的轨道运行后，1991年2月7日，"礼炮"7号再入大气层坠毁。

　　这座空间站在轨道运行期间，共接待了27名宇航员进站工作。他们在轨工作期间，创造了许多新的纪录。"联盟"的宇航员基茨姆、索洛维耶夫和阿特科夫创造了在轨时间237天的新记录。他们于1984年2月9日升空，于10

月 2 日返回地面。"礼炮"7 号的宇航员进行了 6 次舱外活动,累计时间近 23 小时。其他重要的活动还有:"联盟"6 号的宇航员通过气闸舱释放了两颗质量为 28 千克的业余无线电爱好者卫星,"联盟"13 号的宇航员在舱外对"礼炮"7 号的对接口进行了修理,空间站内宇航员最多时有 6 人。宇航员共进行了涉及各个方面的 120 多项实验,拍摄了 1 万张地球和天空的照片,极大地丰富了空间科学宝库。

"礼炮"号空间站在应用上仍有很大的局限性。随着空间活动的扩大,这种相对简单、任务单一的空间站显得规模太小,不易扩展,从而限制了有效载荷的规模。另外,由于各种实验设备都集中在一起,不仅相互间会产生干扰,而且出现重大故障时系统不易修理。这些都要求出现更新的大规模空间站。在这种背景下,苏联又发展了第三代"和平"号空间站。

➡️ 知识点

光导纤维

光导纤维是一种透明的玻璃纤维丝,直径只有 1～100 微米。它由内芯和外套两层组成,内芯的折射率大于外套的折射率,光由一端进入,在内芯和外套的界面上经多次全反射,从另一端射出。目前,光导纤维的主要成分是二氧化硅。光纤传输有许多突出的优点:频带宽、损耗低、重量轻、抗干扰能力强、保真度高。

建在太空的"实验室"

美国在成功完成"阿波罗"登月计划之后,为进一步奠定载人航天技术基础,利用"阿波罗"登月工程的硬件,又实施了"天空实验室"计划,它是迄今为止,唯一的一座由美国独自发射的空间站。

"天空实验室"计划有两个目的。一是作为未来大型空间站的过渡环节,因此它带有试验性质；另一方面，科学家们感到"阿波罗"计划从科学研究角度上看，并没有取得令人满意的成果，因此"天空实验室"被赋予四大基本任务：第一，对太阳进行比较充分的观测研究；第二，进行较长时间的生物医学研究；第三，对地球资源进行细致的勘测；第四，进行更为全面的工程技术实验。

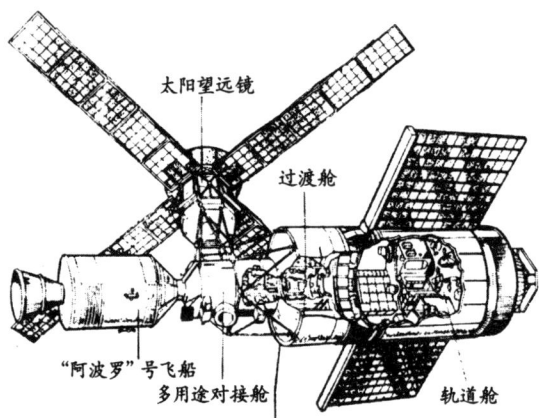

太阳望远镜
过渡舱
轨道舱
"阿波罗"号飞船
多用途对接舱

"天空实验室"空间站结构图

"天空实验室"主体轨道舱结构是"土星"5号火箭第三级J-2发动机的巨大液氢贮箱，总长度8.9米，直径6.6米。它用隔板分成上下两部分，上层是实验间，下层是生活间。生活间又分成几个室：起居室、用餐室、盥洗室等。实验间十分宽敞，内部装有各种仪器设备以进行多种大型实验。轨道舱的上面是过渡舱，长5.3米，直径6.6米，内部可增压也可降压，以为宇航员提供一个过渡的通道。过渡舱又是"天空实验室"的控制中枢，里面装有供电控制、测试检查、数据处理、生命保障、通信及轨道控制等系统。"天空实验室"的主要供电系统是两个安装在轨道舱的大型太阳能电池板，可产生约20千瓦电能供仪器设备使用，同时为蓄电池充电。

"天空实验室"最主要的科学仪器是"阿波罗"天文望远镜。它的主体是一个棱柱体，以构架的形式固定在对接舱上。望远镜周围安装了4个较小的太阳能电池板。"阿波罗"天文望远镜装有多谱段照相机、电视摄像机、主望远镜和其他天文仪器。"天空实验室"各段组合在一起总长为 36 米，质量 90.6 吨，内部有效容积达 247 立方米，包括太阳能电池在内的最大宽度达 27 米。

为了建造和运行"天空实验室"，美国共发射了 4 次，第 1 次为无人飞行，后 3 次为载人飞行。

第 1 次发射是在 1973 年 5 月 14 日，1 枚"土星"5 号 2 级运载火箭将无人的"天空实验室"送入 435 千米高的地球轨道，轨道倾角为 50°，绕地球一周的周期为 93 分钟。

然而这次发射并不顺利。在发射后 63 秒处于最大气动压力时，"天空实验室"的轨道工作舱上涂有防热层的微流星防护罩提前打开，防护罩被强大的高速气流撕毁，一块翼形太阳能电池板也被气流带走，剩下的一块又被防护罩碎片缠住，无法打开。这样一来空间站丧失了一半的电力，也失去了对太阳辐射的防护能力，舱内温度升高至 55℃左右。美国航空航天局被迫推迟了"天空实验室"的第 2 次发射，并赶制了一顶 6.1 平方米的铝化塑料遮阳篷和一顶遮阳伞。

"天空实验室"空间站

1973 年 5 月 25 日上午，第 1 批宇航员康拉德、克尔温和韦茨乘坐"阿波罗"飞船升空。与"天空实验室"对接后，他们经过多次出舱工作，展开了一面太阳板，为空间站安装了遮阳伞。几大故障成功地排除后，航空航天局上下一片欢腾。尼克松总统为此特地发来贺电。

第1批3名宇航员在"天空实验室"上进行的科学活动有：用"阿波罗"天文望远镜对太阳进行了82小时的观测，回收了望远镜中的胶卷盒，拍摄了1000多万平方千米的地球照片，进行了大量生物医学实验；另外，他们还对空间站上的生活系统和生命保障系统进行了全面考察。这些活动表明，宇航员完全可以在太空环境中生活和工作更长时间。经过28天的轨道飞行之后，3位宇航员于1973年6月22日返回地面。

1973年7月28日进行了第3次发射，将第2批3名航天员送到"天空实验室"，9月25日返回。第2批航天员是比恩、加里奥特和洛斯马。"阿波罗"号飞船带了补给品、维修物品和大量生物实验品。这次飞行把时间延长到59天，并试验了喷气载人机动装置。

在这次飞行中，航天员加里奥特和洛斯马完成了持续6个半小时的舱外活动。他们给"阿波罗"望远镜装上新的胶卷盒，安装了测量微流星的装置，检查了"阿波罗"号飞船的推力器。他们还在"天空实验室"上面搭起了1顶新的遮阳伞。这次飞行的科学工作除仍继续进行有关生物学、太空医学、太阳物理学、天文物理学的研究活动外，还完成了地球资源观测计划。为此，航天员操纵空间站重新定向。在轨飞行期间，航天员使用了6种科学仪器：多光谱摄影机、地球照相机、红外多光谱扫描仪、微波辐射计和散射仪、高度计和L波段辐射计。

通过"阿波罗"望远镜，航天员对太阳的观测时间共计为300小时，拍摄了77600张X射线、紫外线和可见光光谱段内的日冕照片。这期间原本应是太阳黑子活动的宁静期，但实际上太阳耀斑非常活跃。这样，航天员获得了许多太阳平静时和活跃时的对比照片和数据，拍摄了100多张太阳耀斑的照片。

第2次飞行进行的研究活动远远超过了第1次，而且比原计划多得多。原定对地球进行26次观测，实际完成了39次；原计划对太阳观测206小时，实际上超出了100小时。航天员曾3次出舱活动，完成了几项重要的修理工作，生物医学实验也获得了许多重要的成果。

为修复"天空实验室"进行太空行走

1973 年 11 月 16 日，第 3 批宇航员发射升空。他们是卡尔、吉布森和玻格。这次飞行计划持续的时间更长，为此带来了更多生活物品和体育锻炼物品。他们还带来了许多修理工具，以备出现故障时使用。他们为冷却系统装上了制冷剂，解决了冷却系统的泄漏问题。宇航员们还出舱更换了 6 台望远镜照相机内的胶卷，安装了尘埃和微流星、宇宙线和带电粒子测量仪，修理了空间站尾部的一个天线。宇航员们在空间站里进行了许多生物实验，研究了植物在太空中生长与在地球上生长是否不同的问题，研究了细菌在太空的生长情况。

在天文学领域，这组乘员获得了两项突出成果。一是观测到一个新彗星——科豪特克彗星。12 月 13 日，他们看到了科豪特克彗星，并立即进行了拍摄。他们共拍摄了 33 张色彩丰富、非常清晰的彗星照片，对研究彗星有重要价值。另一项重要成果是，宇航员吉布森孜孜不倦地对太阳表面进行观测，终于观测到了一次耀斑爆发的全过程。1 月 21 日，太阳的一个活跃区出现了一个亮点并不断加强和增大。吉布森抓住了这个机会，连续拍摄了这个耀斑爆发的全过程。这组照片被认为是最具天文学价值的。此外，乘员拍摄的有关太阳 X 射线、紫外线、可见光谱段的照片多达 75000 张。

宇航员在"天空实验室"进行的技术实验还有：利用电炉和电子束枪进行了空间焊接实验，后来证明焊接质量优于地面；进行了晶体生长实验、半导体掺杂实验，做出的晶体长达 2 厘米，比预期的长 6 倍；制造了全新的金锗化合物，这是一种低温下的超导材料。

"天空实验室"内处于失重条件下的航天员

1974 年 2 月 8 日，宇航员卡尔、吉布森和玻格乘坐"阿波罗"飞船返回地面。他们创造了在轨时间 84 天的最新世界纪录。整个"天空实验室"计划期间，9 名宇航员在轨道上生活和工作了 171 天 13 小时 14 分钟，绕地球 2476

圈，旅程达 1 亿 1280 万千米。他们共进行了 42 小时的舱外活动，记录了 182842 个太阳观测数据，获得了 40286 张地球照片，完成了 16 次医学实验，初步进行了材料加工实验。

美国原计划在最后一批航天员撤出后，"天空实验室"可一直运行到 20 世纪 80 年代初。当航天飞机研制成功后，美国将发射航天飞机与它会合，再从航天飞机的货舱中将 1 个遥控回收系统释放出来与"天空实验室"对接。地面控制系统将向这个自动装置发出指令，点燃其推进系统，使"天空实验室"实现受控再入。但1978～1979 年间，太阳黑子的活动日益频繁，引起了大气层的膨胀，这就使"天空实验室"的轨道不断衰减，而它又没有轨道控制系统用来升高轨道。1979 年 7 月 11 日，"天空实验室"终于坠入大气层烧毁，许多大的碎块陨落到地面上，有人发现了重达 82 千克的合金蒙皮。幸运的是没有造成人员伤亡。至此，"天空实验室"计划偃旗息鼓。

知识点

微流星

大小不超过 0.1 毫米，质量不超过百万分之一克的微小流星体。它们进入地球大气中不会产生发光现象。

"和平"号的风风雨雨

虽然"礼炮"6 号、"礼炮"7 号有了较大的改进，但归根到底还是"一居室"，所以不能完成规模更大、专业性更强的科学技术任务。为了增强空间站的功能，扩大使用范围，苏联研制并发射了举世闻名的"和平"号空间站。

"和平"号是世界上第一个采用多模块积木式构型的长久性空间站，即由多个舱段在空间逐次交会对接后像积木一样拼接而成。自发射后除 3 次短期无人外，站上一直有航天员生活和工作着。

多模块积木式空间站是空间站技术的合理发展，它使过去的"一居室"变成所需的"多居室"，因而比较灵活，大大扩展了航天员的活动空间，具有功能强、寿命长、使用范围广和工作效率高等一系列优点。

它的最大特点是其率先升空的核心舱上有6个

"和平"号空间站

对接口。这样，核心舱不仅能用于航天员生活居住，控制整个空间站正常运行，还能先后对接5个专用实验舱和飞船，形成庞大的空间复合体。

"和平"号在轨组装完毕后全长87米，质量达123吨（如与航天飞机对接则达223吨），有效容积470立方米。"和平"号空间站的各舱均有动力装置和生命保障系统，因此都能独立地进行太空机动飞行。但它们功能各异，分工明确。

"和平"号空间站的核心舱仍然是1个舱段式结构。它的总长13.13米，最大直径4.2米，总重量20.4吨，压力舱容积110立方米，两个太阳能电池翼的翼展为29.73米，总面积76平方米，最大输出功率9千瓦，平均功率5.5千瓦。核心舱内有1个大桌子供航天员工作和用餐，桌子两边是加热设备、各种餐具，以及食品柜和冷藏柜；舱的两侧还各有一个单人卧室（内有睡袋）；卧室后边是卫生间，可供航天员洗澡；舱内装有体育锻炼器具，航天员每天需锻炼90分钟。

1987年3月31日，"质子"号火箭发射了第一个实验舱——"量子"1号，开始了"和平"号积木空间站的正式组装工作。

"量子"号实验舱共有5个，都呈柱形结构，质量均为20吨上下。"量子"1号又称天文物理舱。"量子"2号又称服务舱，安装的科学仪器包括电视光谱综合装置、X射线测量仪、自动旋转平台、西格玛光谱综合装置、伽玛—2视频分光计和偏光计系统等，主要用于天文观测和对地观测。"量子"3号又名晶体舱，主要用于微重力材料生产。"量子"4号又名光学舱，主要用于远距离探测、高层大气物理研究和天体物理学研究。"量子"5号又名自然舱或生态学舱，主要用于生态学研究。1996年4月23日，"和平"号第5个实验舱——自然舱发射，并于3天后与"和平"号顺利对接，组装工作全部完成。完整的"和平"号空间站全长达87米，质量达123吨，有效容积470立方米。

"和平"号空间站作为世界上第一个长期载人空间站，自诞生之日起，共在轨道上运行了15载，大大超过了设计的5年寿命。它绕地球飞行8万多圈，行程35亿千米，进行了2.2万次科学实验，完成了23项国际科学考察计划。共有31艘"联盟"号载人飞船、62艘"进步"号货运飞船与其实现对接，还9次与美国航天飞机对接并联合飞行。

"和平"号创造了一系列世界之最：它是20世纪质量最大、寿命最长、载人最多、技术最先进的载人航天器，15年中共有31艘载人飞船和62艘货运飞船与它对接，28个长期考察组和16个短期考察组先后访问过"和平"号，共有12个国家的135名航天员到访过"和平"号；俄罗斯航天员波利亚科夫在"和平"号上创造连续逗留438天的世界纪录；美国女航天员露西德在上面创造连续逗留188天的女子航天新高。

苏联通过建造和运行空间站取得了巨大成就，特别是"和平"号运行的15年时间里更是成果辉煌。在医学领域，研究了在太空使用的药物处方、宇航员飞行后的体力恢复方法。在生物学领域，研究了蛋白质晶体生长、高效蛋白质精制、特殊细胞分离、特种药品制备等。在材料和空间加工领域，进行了600多种材料实验，制造了半导体、玻璃、合金等35种材料。在对地观测方面，发现了10个地点可能有稀有金属矿藏，117个地点可能有石油存在。在天文观测方面也做出了许多重大发现。此外，还开发了大量空间

这是 1999 年 1 月 26 日，俄罗斯"和平"号
空间站的宇航员与美国"奋进"号航天飞机的宇航员聚集在
"和平"号空间站舱内合影。

新技术。

"和平"号也是发生事故和故障最多的载人航天器，在 15 年的运行过程中，先后发生大大小小的事故和故障 1500 多起，其中包括两起重大的事故。

1997 年 2 月 24 日，"和平"号空间站上，由来自俄罗斯、美国和德国的 6 名航天员组成的乘员组，通过太空行走处理了一起站内发生的火灾事故。由于站上氧气发生器破裂，明火燃烧了 90 秒钟，烟雾充满了整个空间站。在这起事件中，虽然无人员受伤，危险也仅限于"量子"1 号舱内，但这是载人航天器在太空飞行中发生过的最严重的着火事件。

祸不单行，继 2 月份发生火灾事故之后，6 月份"和平"号空间站又发生了碰撞事故。6 月 25 日，俄任务指令长楚勃列夫用一种新的自动对接系统操纵"进步"号运货飞船与"和平"号空间站的后对接口对接。当飞船与空间站快速靠近时，飞船上的速率控制部件突然失灵，7 吨重的飞船先与光谱舱上的一块太阳能电池板相撞，接着就撞在光谱舱上，将光谱舱的舱体撞出一个"缺口"，并使光谱舱的舱体向内偏转，同时将覆盖在舱体外的散热器保护盖撞移位。为了堵住"缺口"，航天员不得不将舱外的 4 块太阳能电池板卸下，这样一来"和平"号空间站的电力供应减少了一半。

碰撞事故发生以后，为了维修空间站，俄罗斯航天员索洛维约夫和维诺格莱德夫在 8 月 22 日对舱内进行了一次检查。

两名航天员首先进入节点舱，将所有舱口密封，以防舱内气体全部丧失，然后将节点舱减压。在减压过程中，维诺格莱德夫突

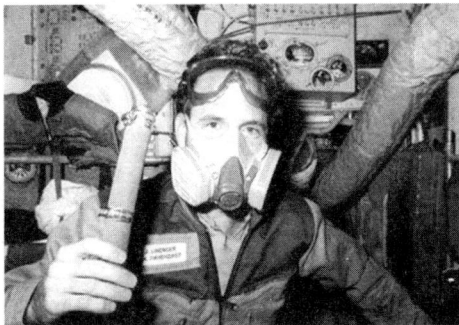

"和平"号上的美国宇航员、医生林恩
杰尔为防备吸入烟雾带上了防毒面具

然发现自己的一只手套漏气，因此又赶紧重新加压，等换上新手套后再继续减压。当节点舱内的压力降到零时，他们开始将被切断的 11 根电缆线重新连接起来。进入光谱舱后，他们发现舱内到处漂浮着一些冰冻的肥皂泡，而舱体似乎完好无损。他们不放心，继续寻找被撞坏的"缺口"，可是毫无结果。

光谱舱上被撞坏的太阳能电池板的维修工作则是在以后的几次太空行走中才完成的。

苏联解体后，经济形势日趋严峻的俄罗斯越来越不堪重负。早在 1999 年，维持"和平"号正常飞行的费用就已经让其捉襟见肘了。由于缺乏资金，"和平"号随时可能坠毁。怀着对"和平"号的深厚感情，俄罗斯国内上下开始了一场拯救"和平"号的运动。俄罗斯载人宇宙飞行计划总工程师委员会发出呼吁书，专家、院士、学者、媒体、普通百姓等纷纷向政府和社会求救，为挽救"和平"号做最后的努力。

当时有一位英国企业家卢埃林允诺为"和平"号投资 1 亿美元，并先期支付了 2500 万美元。他提出的条件是，在 1999 年 8 月随考察组飞往"和平"号并在太空逗留 10 天。由于资金未及时到位，这个计划最后宣告失败。1999 年 8 月，在"和平"号空间站上工作的 3 名宇航员不得不离开"和平"号，返回地面。9 月，随着站上计算机的停机，空间站进入漂移状态。这种状态持续了几个月之后，2000 年 2 月 1 日，俄罗斯航天部门决定让"进步" M －

43 号货运飞船再次飞往"和平"号，为其送去两吨重的货物，其中包括燃料、饮用水、食品和氧气等物品，为即将重返"和平"号的宇航员做好准备。

2000 年 4 月，已经人去楼空达 7 个月之久的"和平"号空间站终于又有了人气儿。4 月 3 日，在位于哈萨克斯坦境内的拜科努尔发射场，俄罗斯发射了"联盟"TM 飞船，把两名宇航员送上了"和平"号空间站，开始了对"和平"号的一次全面"体检"，以确定"和平"号最终的使用期限。有报道称，此举是为"和平"号实现"夕阳红"的太空之旅。

遗憾的是，一切努力都已无法挽回"和平"号告别人间的命运了。尽管大家都希望"和平"号能再获新生，但资金问题始终得不到有效解决，寻找私人资金的计划也无果而终。

难以为继之下，俄罗斯航天局一位高级官员说："与其让'和平'号真的发生大问题后再放弃，不如现在就让它荣归而退。这样也不会坏了俄罗斯航天技术的最好纪录。"

2001 年 3 月 20 日，"和平"号空间站飞过了距地 220 千米的太空轨道。俄罗斯地面飞行控制中心的专家在对"和平"号的轨道参数、飞行姿态等信息进行综合分析之后，接连发出了两个制动信号，启动了与"和平"号对接的"进步"M1 - 5 号货运飞船的发动机。在发动机的反推制动下，"和平"号的飞行速度陡然下降，巨大的空间站开始快速向下飘落，并逐渐进入了预定的坠落轨道。在"和平"号绕地球飞行的最后两圈内，地面专家发出了最后一个制动信号。刹那间，重达 137 吨的庞然大物脱离地球轨道，向着南太平洋轰然坠落……这便是俄罗斯航天专家为"和平"号精心设计的结局。

可以说，"和平"号空间站是至今最为成功的空间站，它为人类的载人太空飞行、探测和试验立下了汗马功劳，虽然其间有坎坷、有失败，但是，风风雨雨之中，它创造了许许多多的奇迹，为人类立下了赫赫战功，也为今后不断发展的空间站技术奠定了基础。"和平"号空间站为人类探索生命、宇宙和科学之谜提供了独一无二的场所，为世界科学事业做出了巨大贡献。它的

"继任者"——"国际空间站"正在紧张的建设当中,可望在不久的将来全面投入使用。虽然"和平"号已经永别,但人类探索太空的步伐不会停止。

➡ **知识点**

蛋白质晶体

蛋白质晶体是生物体内细胞产生的一种生物催化剂,由蛋白质组成,能在机体十分温和的条件下,高效率地催化各种生物化学反应,促进生物体的新陈代谢。生命活动中的消化、吸收、呼吸、运动和生殖过程都是酶促反应过程。

多国打造"国际空间站"

"国际空间站"是由众多国家合作打造的,是以美国和俄罗斯牵头,包括加拿大、日本、巴西(1997 年加入)和欧空局(11 个成员国,正式成员国有比利时、丹麦、法国、德国、英国、意大利、荷兰、西班牙、瑞典、瑞士和爱尔兰)共 16 个国家共同建造和运行的。"国际空间站"成为迄今最大的航天合作计划。

20 世纪 80 年代初,美国逐渐意识到它在空间站领域已大大落后于苏联,并且得知苏联准备发射多模块积木式构型空间站——"和平"号,于是便下决心在空间站技术上赶超苏联。

1984 年 1 月 25 日,里根总统批准建造一个以美国为主、多国合作的长久性空间站计划——"自由"号。这个方案比"和平"号先进,属第 2 代多模块空间站,采用桁架式构型,总质量达几百吨。如果研制成功,则可跨越几个台阶,像载人登月一样再次超过苏联。

然而,美国长久性空间站计划一波三折。来自国会的批评使该计划的规模一再缩小。克林顿上台后,又几次要求对空间站进行修改,缩小规模。几年的时间共进行了多达 8 次的修改，其中最主要的改进是吸收俄罗斯为正式合作伙伴。直到 1993 年 11 月，空间站计划才最终定型。

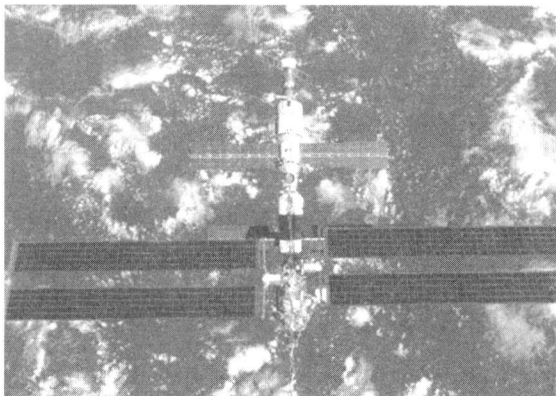

"国际空间站"，2000 年摄

这个名为"国际空间站"的修改方案，包括俄罗斯"曙光"号功能货舱。它是国际空间站的第一部分，包括推进、指挥以及控制系统；美国"团结"号连接舱，这是第一个由美国建造的舱段，该部分是"国际空间站"上负责联接 6 个舱体的主要连接舱；俄罗斯"星辰"号服务舱，包括为第一批定居于"国际空间站"内的宇航员提供的居住舱、电力控制和维生系统设备舱；欧空局"哥伦布"轨道设备舱，它是"国际空间站"上的一个实验室，它还将为国际空间站的宇航员提供被称为自动迁移飞行器的往返工具；日本实验舱，日本宇宙事业开发团研制，主要用途是为国际空间站提供一个实验室以及一个可以进行 10 次实验的外部平台；小型硬件设备，共 6 种，主要用于为国际空间站运输物资，由巴西国家航天局制造；微型增压后勤供应舱，由意大利空间局研制。

由于"国际空间站"是含有积木式和桁架挂舱式 2 种构型的"混血儿"，所以它既有继承性，又有创新性。

建成后的"国际空间站"将是一个总重量达 423 吨、长 108 米、宽 88 米、密封舱容积达 1202 立方米的大型空间设施，近似于 2 架波音－747 喷气式客机的客舱体积。

　　"国际空间站"上的 6 个实验研究舱将运用当代最先进的试验手段进行生物学、化学、物理学及其他学科的研究。这些舱是首次按微重力试验要求设计的，它们都十分靠近质心，以保证重力接近于零，从而成为一个能提供零重力的实验场所，以揭开重力对我们这个世界的影响之谜。在基础科学和生物医学等方面将会扩展全人类的知识，为以后可能出现的突破性进展奠定理论和技术基础。

　　同时，"国际空间站"也提供了人们直接参与长期在轨对地观测和天文观测的机会，为研究地球环境、探索宇宙世界作出贡献。

　　此外，作为人类在太空进行的首次大规模装配活动，建造"国际空间站"也将为今后建造太阳能电站、进行火星探测等航天活动积累经验。人类的长远目标是在月球和火星上建立居住区，为此，美国航空航天局已打算把"国际空间站"作为验证火星探索技术的场所。

　　"国际空间站"计划分三阶段进行：

　　1994 ~ 1998 年为第一阶段——准备阶段。目前已顺利完成第一阶段的任务，主要进行了 9 次美国航天飞机与俄罗斯"和平"号空间站的交会对接，取得了宝贵的经验。

　　1998 年 11 月 20 日，"国际空间站"的第一个组件——"曙光"号功能货舱（美国出资，俄罗斯制造）发射成功，标志着"国际空间站"正式进入第二阶段——初期装配阶段（1998 ~ 2001 年），主要内容是建立"国际空间站"的核心部分，使空间站拥有初始的载人能力。

　　第三阶段（2000 ~ 2005 年）为最终装配和应用阶段。"国际空间站"建成后，可载 6 人，工作寿命为 15 ~ 20 年。

　　1998 年 11 月 20 日，俄罗斯在拜科努尔航天发射场用一枚"质子"号重型运载火箭，成功地把国际空间站的第一个组件"曙光"号功能舱送上了太空。12 月 4 日，美国"奋进"号航天飞机又把"团结"号节点舱送入轨道，并对接到"曙光"号功能舱上。宇航员于 12 月 10 日首次进入新站，在站内安放了通信设备和备用服装等器材。1999 年 5 月 27 日，"发现"号航天飞机执行 STS - 96 任务，为空间站输送了 2 吨补给品，完成太空行走任务，继续

2000 年 10 月 31 日，俄罗斯和美国的
3 名宇航员搭乘"联盟"TM－31 号宇宙
飞船从哈萨克斯坦拜科努尔航天发射场升空，
飞向"国际空间站"，成为"国际空间站"
的首批长住"居民"。

安装外部太阳能电池板。

2000 年 5 月 21 日，"阿特兰蒂斯"号航天飞机与"国际空间站"实现对接，为空间站送去约 1 吨重的货物。2000 年 7 月 12 日，俄罗斯成功发射了"国际空间站"的服务舱"星辰"号，并与空间站联合体顺利对接。这个舱段是空间站的重要组件，是一个生活起居室，为宇航员提供居住、电力控制和生保系统。2000 年 9 月 8 日上午 8 时，"阿特兰蒂斯"号航天飞机发射，为空间站带去 3 吨补给品，为国际空间站迎来第一批"居民"做好后勤准备。2000 年 10 月 11 日，"发现"号航天飞机执行 STS－92 号任务，这也是航天飞机总第 100 次飞行，主要任务是安装桁架结构，为"团结"舱安装增压适配器。

2000 年 10 月 31 日，美俄 3 名宇航员搭乘"联盟"TM－31 号飞船从拜科努尔航天发射场升空，飞向"国际空间站"。他们将成为国际空间站的首批长期住户。参加这次飞行的宇航员分别是美国宇航员威廉·谢泼德，俄罗斯宇航员尤里·吉德津科和谢尔盖·克里卡廖夫，其中谢泼德是站上指令长。11 月 2 日，他们正式进驻国际空间站，标志着"国际空间站"开始进入有人照料阶段。这是国际空间站建造以来的一个里程碑式的重要事件。2000 年 11 月 30 日，"奋进"号航天飞机执行 STS－97 任务，为空间站安装了大型太阳能电池板。2001 年 3 月 8 日，"发现"号航天飞机执行 STS－102 任务，运送安装了"命运"号实验舱。3 月 9 日航天飞机与空间站对接后，第二批宇航员正式进驻"国际空间站"。他们是指令长俄罗斯宇航员乌萨乔夫、美国女宇航员赫尔姆斯和男宇航员沃斯。

2001 年 4 月 19 日，"奋进"号执行 STS - 103 任务，即为空间站安装一个加拿大研制的机械臂。对接后，"奋进"号宇航员与国际空间站上的第二批长住居民先利用空间站外的一个太空舱交换工具和其他物资。2001 年 4 月 28 日，俄罗斯"联盟"号飞船发射，载有第一位太空游客蒂托。他被称作航天史上第一位真正的太空游客，产生了极大的影响。他在空间站上停留 8 天后，于 5 月 5 日返回地面。2001 年 8 月 10 日，航天飞机"发现"号执行STS - 105 任务，为国际空间站送去了第三批长驻宇航员，他们是指令长库尔伯森、驾驶员德祖罗夫和空间站工程师米哈伊尔·图鲁林。

这是 2007 年 8 月 14 日，"国际空间站"上的宇航员们协助首位进入太空的教师宇航员芭芭拉·摩根（左二）通过电视直播向美国爱达荷州的小学生们演示他们是如何在太空喝水的。

截至 2001 年，"国际空间站"的质量约为 73 吨，运行在近地点 379.7 千米、远地点 403.8 千米的轨道上，绕地一圈用 90 分钟。该站定于 2005～2006 年建成，它将由 12 个舱段组成，总质量达 450 吨左右，使用空间达 1100 立方米，平均运行高度为 350 千米（组装后升至 460 千米高的轨道），寿命 15 年。它将成为人类在太空中长期逗留的一个前哨，可用于试验新型能源、运输技术、自动化技术和下一代遥感器，推动流体力学、燃烧学、生命保障系统、反辐射危害等研究的发展，并对未来的太空探索产生重要影响。各国在国际空间站的建设和开发上的总支出约为1140亿美元，其中光建站就需花费600亿美元。

"国际空间站"的建设标志着航天发展的一个新时期——航天技术应用化发展时期的真正开始。它的建成将对空间产品的商业化、空间科研的纵深化以及天地往来的例行化产生重要意义。"国际空间站"将大大推进新世纪航天技术与航天应用的发展。届时，航天技术对社会产生的影响将更加广泛而深远。

知识点

运载火箭

运载火箭是由多级火箭组成的航天运输工具。用途是把人造地球卫星、载人飞船、空间站、空间探测器等有效载荷送入预定轨道。它是在导弹的基础上发展而来的，一般由2~4级组成。每一级都包括箭体结构、推进系统和飞行控制系统。末级有仪器舱，内置制导与控制系统、遥测系统和发射场安全系统。级与级之间靠级间段连接。有效载荷装在仪器舱的上面，外面套有整流罩。

航天先驱与英雄

HANGTIAN XIANQU YU YINGXIONG

提及载人航天，离不开载人航天器，更离不开人。这里所说的人主要包括两种，一种是为研制航天器提供理论支持或技术保证的科学工作者们，一种是搭乘航天器进入太空的航天员们。在一百多年前，一些科学工作者就有了把人类送上太空的科学设想，并且在一代又一代科学家的努力践行下，人类才在航天事业上取得了一个又一个的辉煌成就。航天员是人类的英雄，人类载人航天之路充满了荆棘，但是为了实现探索太空的梦想，这些英雄们勇于用自己的血肉之躯铺就一条通天大路。

齐奥尔科夫斯基

1958 年，苏联的第一颗人造卫星上天，震动了全世界，也开创了人类航天史的新纪元。如此巨大的成功，当然要归功于为航天事业而不懈努力的科学家们，被后人尊为"火箭之父"的齐奥尔科夫斯基就是他们中的一位。

齐奥尔科夫斯基 1857 年生于俄国梁赞一个贫寒的家庭。10 岁那年一场严

齐奥尔科夫斯基

重的猩红热病，夺去了他两耳的听力，无法继续上学，只好由母亲指导他读书写字。但第二年母亲去世了，他靠坚强的毅力自学了小学和中学的课程。16 岁那年，他执意上大学，但没有一个学校肯收这个没有中学文凭的聋子。他只身来到遥远的莫斯科，寄住在一家好心的穷人家中，在图书馆中自学大学课程。父亲每月只能给他寄来十几个卢布。这点钱远不够伙食费，但他还要挤出钱来买书籍和实验用品，有时连续两三天不吃东西，常常饿得昏了过去。父亲将他接回家后，他好不容易才被录用为中学数学教师。在业余时间里，他全力进行宇宙航行理论的研究和实验。然而，他并不被人们理解，被认为是一个"怪人"。他用科幻小说的形式宣传宇宙航行知识，被权贵们斥为"异端邪说"。一家杂志发表一幅漫画，讽刺他头顶地、脚朝天，腋下夹着大大小小的星球，挖苦他是"一个无名之辈，无聊文人"，斥责他"企图把青少年引向邪路"。但他顶着各种奚落和打击，毫不动摇地坚持着自己的事业。

经过 10 多年的艰苦努力，他的研究成果才开始得到门捷列夫和斯托列托夫等著名学者的赏识。齐奥尔科夫斯基在宇宙航行理论方面的建树是多方面的，当今宇宙航行的一些基本问题，他几乎都曾涉猎。

1883 年，齐奥尔科夫斯基在《外层空间》一书中首先从理论上证明，行星际空间为绝对真空状态，火箭可以在空间的真空环境中工作，因为它自带氧化剂，燃料燃烧不需要外界供氧。同时，它的反作用推进原理在真空中仍然有效。因此，火箭可以作为宇宙航行的动力。

1885 年，他在一本科幻小说中提出发射人造地球卫星的设想。

1903 年，齐奥尔科夫斯基发表《用火箭推进器探索宇宙》论文，文中提出火箭公式，从理论上证明：火箭的速度与火箭发动机的喷气速度成正比；火箭自身的结构质量越小，火箭所获得的速度越高。这个公式后来被称为齐奥尔科夫斯基公式，也被誉为宇宙航行第一公式，它为宇宙航行奠定了理论基础。齐奥尔科夫斯基还指出，液氢液氧是最理想的推进剂。在当时的工业技术水平上，他还指出，单级火箭达不到宇宙速度，必须用多级火箭接力的办法才能进入宇宙空间。

1911 年～1912 年，齐奥尔科夫斯基又提出有关载人宇宙飞行的一系列设想，例如，到其他星球上去必须经过真空区，载人宇宙飞船必须携带空气；飞船上必须有密封座舱；座舱中的空气必须不断净化，才能为乘客提供新鲜空气；飞船返回时利用地球大气刹车；建立轮胎形空间住宅，用自旋产生人造重力；用动物和植物组成生物循环链，建立密闭生态系统，为人提供食物和氧气。他还推导和论述了不同质量的物体在失重条件下的运动规律，研究了失重和超重对人体的影响。

1924 年，他在《宇宙飞船》一文中具体地设想了一种纺锤形飞船，除动力装置和密闭生态系统外，还提出了现今太空机动器的设想。他设想乘员走出密封座舱后，可利用"宇宙枪"喷出气体的反作用力在太空的真空中漫游。

1929 年他提出了多级火箭构造设想。这一富有创见的构想为研制克服地球引力的运载工具提供了依据。

齐奥尔科夫斯基还预言太阳的光能可以作为推动宇宙飞船的动力，并提出太阳帆的设想。

齐奥尔科夫斯基一生写下了 730 多篇论著，70 岁以后，他还写了《进入宇宙空间的火箭》、《宇宙火箭推进的列车》、《航天员和火箭飞机加速升空》、《火箭燃烧》和《火箭的最大速度》等多部著作。1932 年，苏联政府授予他劳动红旗勋章。1935 年 9 月 19 日，他在卡卢加逝世。

"地球是人类的摇篮，但人不能永远生活在摇篮里。他们不断地向外探寻着生存的空间：起初是小心翼翼地穿出大气层，然后就是征服整个太阳系。"这段被经常引用的名言就出自齐奥尔科夫斯基之口。虽然他的设想在当时的科技条件下无法成真，但却为火箭技术和星际航行奠定了基本的理论概念。他的这句名言也激励着人类为挣脱大地的束缚进行不懈的努力。

密闭生态系统

生态系统最根本的属性是生物与非生物之间的能量转换和物质循环，即能量流和物质流。这两个"流"在生态系统中是封闭的运转，还是开放的流动，要看生态系统的范围来确定。在自然界，就物质循环而言，真正封闭的系统只有一个，就是生物圈。在面积 5.1 亿平方公里，上下 34 公里的范围内，从物质不灭的角度看，生物圈是封闭的。如水分的循环，通过降雨—蒸发和蒸腾—地表径流和地下径流，在大陆与海洋之间构成一个往返巨大的封闭循环。如矿物质营养元素、土壤等的搬运，不论途径长短，搬运量（流失）大小，但仍然是在生物圈内此消彼长，西流东积，物质是不灭的。

赫尔曼·奥伯特

赫尔曼·奥伯特于 1894 年 6 月 25 日出生于特兰西瓦亚，该地当时属奥匈帝国，现在位于罗马尼亚境内。他在 12 岁的时候，就因凡尔纳的《从地球到月球》的影响而迷上了星际旅行。1913 年他到慕尼黑学医，但第一次世界大战中断了他的学业。

从 1919 年开始，奥伯特认真钻研物理，他阅读了所有他能找到的关于火箭和宇宙航行的著作，其中包括齐奥尔科夫斯基的著作。

1922 年，他把研究成果整理成文，作为申请博士学位的论文寄给了海德堡大学，但他的研究成果没有得到承认。

1923 年，他发表了后来被称为宇宙航行学经典著作的《飞向行星际空间的火箭》，书中提出空间火箭点火的理论公式，用数学阐明火箭如何获得脱离地球引力的速度。

1925 年，13 岁的冯·布劳恩读了这本书，并通过当时著名的火箭研究者威利·勒的介绍，成为奥伯特的一名少年助手和学生。

奥伯特

1927 年 6 月，德国一批业余火箭研究者成立"宇宙航行协会"，在罗马尼亚工作的奥伯特闻讯后来到德国，并被推举为该协会会长。

奥伯特在继续研究中对他的火箭理论进行了修改和充实。1929 年又发表了第二部经典著作《实现太空飞行的道路》，他在书中预见到电推进火箭和离子火箭的发展。这本书使他获得第一届佩尔——希尔施奖。

除了对火箭进行理论研究外，奥伯特还亲自与同事一起研制火箭，并于 1930 年 7 月 23 日发射成功的一枚火箭，飞行高度达 20 千米。奥伯特和其他人在火箭研究和实践中的成就，引起了科学家对火箭问题的普遍重视。

奥伯特不仅勤奋好学，善于思考，而且虚心求教。在与齐奥尔科夫斯基的通信中，他实事求是地承认，齐奥尔科夫斯基等人在推导与宇航有关的方程方面，走在自己前面。当他从报纸上看到戈达德研究火箭的报道后，就热情地给他写信，并索要他的著作。

奥伯特和他的业务伙伴们

奥伯特虽然没有直接参与发展后来的 A－4 火箭发动机，也就是著名的 V－2 火箭设计，但 A－4 火箭却完全是以他的理论框架为基础的。第二次世界大战后，奥伯特留在德国，并回到他的家乡住了一段时间。1951 年，他离开德国到美国与冯·布劳恩合作，共同为美国空间规划努力。这期间他写了两本书，一本是对十年内火箭发展的可能性作展望，另一本谈到了人类登月往返的可能性。1960 年奥伯特退休后回到德国，大部分时间用来思考哲学问题，这也许是许多德国科学家的习惯。奥伯特于 1989 年 12 月去世，享年 95 岁。

奥伯特的主要贡献是理论上的，他建立了下列条件之间的理论关系：燃料消耗、燃气消耗速度、火箭速度、发射阶段重力作用、飞行延续时间和飞行距离等。这些关系对于火箭的设计是最基本的因素。他更多的是作为一个理论家，而不是一个实验家，影响了整整一代工程师。作为航天事业的奠基人之一，他受到的称赞是当之无愧的。

冯·布劳恩

1925年，在德国一个叫维尔西茨的小镇上，有一位13岁的少年用6支特大的烟火绑在他的滑板车上，然后，他点燃了导火线。烟火的爆炸声此起彼伏，滑板车像发疯似的飞了出去，这位少年也被重重地摔在地上。结果，巨大的爆炸声引来了警察，少年被带到了警察局，受到了一顿训斥。这位少年就是后来著名的科学家冯·布劳恩。

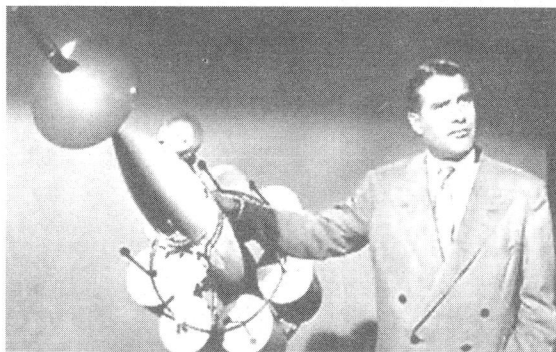

"航天第一设计师"——冯·布劳恩

1912年3月23日，冯·布劳恩出生于德国维尔西茨一个贵族之家。他是使火箭技术由试验走向实用的关键性人物，主导了二战期间纳粹德国的火箭研发和第二次世界大战以后美国的火箭研发，是V2和阿波罗登月（负责土星V火箭——人类有史以来推进力最大的火箭）两大项目的灵魂人物，被誉为20世纪最伟大的火箭专家。

1930年，冯·布劳恩进入柏林大学，成为奥伯特的学生。1932年，冯·布劳恩大学毕业，还获得了飞机驾驶执照，受聘为多恩伯格的主要助手。1934年，冯·布劳恩获得柏林大学物理学博士学位。1937年，冯·布劳恩在佩内明德大型火箭试验基地任技术部主任，领导了德国的"复仇使者"V－2火箭的研制工作。

第二次世界大战期间，曾给英国带来巨大灾难的武器——德国的V－2火箭，当时又叫"飞弹"。V－2工程起始于A系列火箭研究，由物理学博士冯·布劳恩主持，是1936年后在佩内明德新建火箭研究中心的重点项目。A系列火箭经过许多新的改进，性能大大提高，由纳粹的宣传部长戈培尔命名为"复仇使者"，所以代号变为V－2。V－2工程开始于1940年，目标是扩大容积和承载重量，以容纳自控、导航系统和战斗部。1942年10月3日，V－2试验成功，年底定型投产。从投产到德国战败，纳粹德国共制造了6000枚V－2，其中4300枚用于袭击英国和荷兰。

V－2是单级液体火箭，全长14米，重13吨，直径1.65米，最大射程320千米，射高96千米，弹头重1吨。V－2采用较先进的程序和陀螺双重控制系统，推力方向由耐高温石墨舵片操纵执行。V－2在工程技术上实现了宇航先驱的技术设想，对现代大型火箭的发展起了承上启下的作用，成为航天发展史上一个重要的里程碑。

希特勒曾对火箭技术发生兴趣。在1939年希特勒参观发射试验台的时候，布劳恩被指定给元首讲述技术原理。布劳恩以他一贯的认真严谨态度为希特勒

冯·布劳恩

讲解火箭的基本构造，正如他后来为美国总统肯尼迪分析月球接轨方案优劣时一样的认真。但他很快发现，希特勒对他的介绍几乎是一耳进一耳出，只有提及V－2可能具有的军事用途时，元首的眼睛才闪闪发亮。布劳恩开始隐隐感到他航天梦的前途将是不平坦的。

1944年3月，冯·布劳恩被盖世太保抓进了监狱。记录在案的逮捕原因

是：他和他的同事们一起声明，他们从来没有打算把火箭发展成为战争武器。他们在政府压力之下所从事的全部研制工作，目的只是为了赚钱去做他们的实验，证实他们的理论。他们的目的始终是宇宙旅行。因此布劳恩可能被判以叛国罪并被枪毙。最终由于朋友们的多方营救和叛国罪名理由不充分，布劳恩被释放了。

第二次世界大战以其不可逆转的局势向前推进着。美国在意识到 V－2 破坏性的同时，也深知它的价值，所以他们将韦纳·冯·布劳恩的名字列入战后需搜罗的科学家名单之中。而与此同时，冯·布劳恩正被党卫队监视着，他也在设法与美国人取得联系。他认为"把我们的'婴儿'交给妥当的人，这是我们对人类应尽的责任"。当冯·布劳恩最终顺利到达美军营地的时候，美国士兵不敢相信这个 30 刚出头的年轻人，就是著名的 V－2 型火箭的主要发明者。

1945 年德国投降，冯·布劳恩作为"头脑财富"来到美国。

1950 年转到红石兵工厂研制弹道导弹。

1956 年任陆军弹道导弹局发展处处长。在他的领导下先后研制成功"红石"、"丘比特"和"潘兴"导弹以及"丘比特"C 火箭。

1958 年 1 月 31 日，用他设计的"丘比特"C 火箭（改名为"丘诺"1 号火箭）成功发射了美国第一颗人造地球卫星"探险者"1 号。

1958 年 10 月，冯·布劳恩成为新建立的国家航空航天局的领导成员。

1961 年 5 月 25 日，美国宣布实施"阿波罗"载人登月计划。布劳恩成为总统空间事务科学顾问。分管"阿波罗"工程，直接主持"土星"5 号运载火箭的研制工作。1969 年 7 月 16 日凌晨 4 时，布劳恩在肯尼迪航天中心的发射控制室下令："倒计时开始。"3 天之后，7 月 20 日晚 10 时 56 分，由"土星"5 号发射的"阿波罗"11 号飞船在月球上登陆成功。宇航员尼尔·阿姆斯特朗在月球上踩出人类第一个脚印。与阿姆斯特朗通话的控制中心官员情不自禁地高呼："你踩下的脚印也是布劳恩博士的足迹！"冯·布劳恩一时成为美国家喻户晓的英雄。

1970 年，冯·布劳恩任美国国家航空航天局主管计划的副局长，并兼任马歇尔航天中心主任。在两年任期内，冯·布劳恩完成了航天飞机的初步设计，及今后 10 年的研究规划。晚年，他服务于提供卫星实际应用技术的费尔德柴尔德公司，任副总裁之职。

1977 年 6 月 16 日，沃纳·冯·布劳恩因患肠癌在美国华盛顿逝世，终年 65 岁。人类的航天事业将永远与冯·布劳恩这个名字紧密地联系在一起。

冯·布劳恩业余爱好写作，他本人或与别人合作撰写的著作有：《火星计划》、《高层大气物理学和医学》、《航天医学》、《越过空间前沿》、《征服月球》、《火箭学和空间旅行史》、《月球》等。

➤ 知识点

肯尼迪航天中心

肯尼迪航天中心位于美国东部佛罗里达州东海岸的梅里特岛，成立于 1962 年 7 月，是美国国家航空航天局进行载人与不载人航天器测试、准备和实施发射的最重要场所，其名称是为了纪念已故美国总统约翰·肯尼迪。整个场地长达 55 千米，宽 10 千米，面积达到了 567 平方公里，大约有 17000 人在那里工作。场地上还有一个参观者中心，参观者可以随导游参观。肯尼迪航天中心是佛罗里达州的一个重要的旅游点。同时由于肯尼迪航天中心大部分地区不开放，它也是一个美国国家野生动物保护区。

谢尔盖·巴甫洛维奇·科罗廖夫

如果你看过苏联电影《驯火记》的话，想必一定会为影片主人公安德烈献身航天事业的精神所感动。其实，作为一部传记影片的人物，安德烈不过是现实生活中一位著名火箭专家的化身。这位火箭专家就是谢尔盖·巴甫洛维奇·科罗廖夫。

1907 年，科罗廖夫生于苏联乌克兰共和国瑞特米尔城一个教师的家庭。

当年，在科罗廖夫家不远的地方驻扎着一支飞行中队，小时候的科罗廖夫经常跑到那里去玩，于是，他幼小的心灵里萌发了飞向蓝天的理想。

小学毕业后，由于家庭的原因，科罗廖夫难以进入正规的中学念书，只好到工厂以半工半读的方式继续学习。幸运的是，领导这个工厂的不是别人，正是大名鼎鼎的飞机设计师图波列夫。图波列夫经常讲述飞机的有趣知识，使科罗廖夫产生了动手制造滑翔机的兴趣，以致在校期间，他把所有的课余时间都用在了这上面。

科罗廖夫

几年后，科罗廖夫读完了中学和高等专科学校，正式到图波列夫设计局工作，并且很快就成了图波列夫最得意的学生和助手。图波列夫相信，这个才华出众的年轻人一定能成为一个出类拔萃的飞机设计师。可是，这时的科罗廖夫已经不满足于设计只能在大气层内翱翔的飞机了。他展开理想的翅膀，渴望到宇宙空间去大显身手。20 世纪 30 年代初，科罗廖夫结识了齐奥尔科夫斯基。这位宇航先驱的关于人类飞向宇宙的学说激励着科罗廖夫参加了火箭推进研究小组。1932 年，这个民间的火箭组织与气动力实验室合并成立了喷气科学研究所，科罗廖夫担任了这个研究所的副所长。这一年，科罗廖夫还发表了题为《火箭发动机》的著作，当时他只有 25 岁。1936 年，科罗廖夫和同事们一起成功地制造了苏联的第一代火箭飞机。

然而，科罗廖夫的前进道路并不总是一帆风顺的。1937 年，在肃反扩大化期间，受他人的牵连，30 岁的科罗廖夫被押解到西伯利亚去做苦役。直到第二次世界大战，苏联当局得知德国正在研究 V－2 导弹时，才把科罗廖夫转到一座特种监狱开始导弹研制工作。在监狱里，科罗廖夫没有任何人身自由，但因为重新干起了喜欢的工作，他的心情才逐渐好转起来。为这，科罗廖夫甚至"感谢"德国人制造导弹的消息。

　　二战结束后，苏军不仅俘虏了一批德国的导弹专家，而且缴获了大批V-2导弹的资料和部件。在此基础上，科罗廖夫和同事们在 20 世纪 40 年代末期先后成功设计了 P-1、P-2、P-3 等近程、中近程和中程导弹。随后，科罗廖夫从 1954 年起又开始设计射程更远的 P-7 洲际弹道导弹。但是当时用于这种洲际导弹的大推力火箭发动机还没有研制出来，怎么办呢？经过反复研究，科罗廖夫终于找到了一个好办法。他打破了火箭的设计传统，独辟蹊径地把 5 台发动机横向连接起来，虽然这样火箭的起飞重量达到 267 吨，但同时起飞推力却增加到 398 吨。这种火箭也就是现在我们常说的"捆绑"式运载火箭。这种火箭的特点是长度小、推力大，易采用成熟技术，还能节省研制经费、缩短研制周期，所以 40 年来，苏联、美国、日本、印度等国家已经发展了多种型号的"捆绑"式火箭。1990 年 7 月 16 日，我国首次发射成功了"长征"二号 E 大推力捆绑式运载火箭，以后又用这种火箭多次为国外客户发射了通信卫星。

科罗廖夫和航天员们在一起，
左侧是世界第一位女航天员捷列什科娃

　　科罗廖夫天才的设计思想拓宽了火箭技术发展的途径。不过，科罗廖夫也许并不知道，其实捆绑火箭的"专利"应该属于中国，中国古代的"神火飞鸦"就是最早的捆绑火箭。这种人造"飞鸦"飞翔于 900 多年以前。

1957年8月21日，苏联发射的世界上第一枚洲际弹道导弹"P-7"飞行了8000千米，取得了巨大成功。可是P-7的个头实在太大了，它长20米，算上尾翼直径达10多米。作为一种战略导弹，它只装备了十几枚就被淘汰了。然而，科罗廖夫却从P-7导弹的身上看到了人类奔向航天时代的希望。

早在P-7导弹研制初期，科罗廖夫就致信部长会议，正式提出了发射第一颗人造地球卫星的建议。当政府批准了他的宏伟设想后，科罗廖夫着手对P-7导弹进行了改进。1957年10月4日，苏联用以P-7为基础制造的"卫星号"运载火箭成功地发射了"斯普特尼克"1号人造地球卫星。此后，科罗廖夫又为"卫星"号火箭赋予了新的使命。"卫星"号分别被加上一或两级火箭后就组成了"东方"号、"联盟"号、"闪电"号等系列火箭，它们发射了大量的卫星、载人飞船和各种宇宙探测器。这些成就无不凝结着科罗廖夫的智慧和心血。

随着苏联在航天技术领域取得的一个又一个"第一"，科罗廖夫早已不再是当年那个在荒无人烟的小岛上开掘金矿的苦役了，他在航天部门担任了总设计师等重要职务。但尽管如此，外界对他的存在却一无所知。为了保密，政府禁止他在公开场合露面，也不准报刊上登载有关他的报道，所以直到去世前，科罗廖夫一直是一个名副其实的"无名英雄"。

1966年1月，科罗廖夫在做痔疮切割手术时，因心脏病发作抢救无效不幸逝世，终年58岁。为了纪念这位对人类航天事业做出过卓越贡献的科学家，苏联政府出版了他的传记和回忆录，拍摄了他的传记影片，一艘航天跟踪测量船被命名为"科罗廖夫"号，月球上面最大的一座环形山也以他的名字命名。

➤➤ 知识点

洲际弹道导弹

洲际弹道导弹是战略核力量的重要组成部分，主要用于攻击敌国领土上的重要军事、政治和经济目标。洲际弹道导弹具有比中程弹道导弹、短程弹道导弹和新命名的战区弹道导弹更长的射程和更快的速度。

一般来说，洲际弹道导弹的射程应达到5500—8000千米（各国定义不一，我国为8000千米）。洲际弹道导弹一般（但并非一定）装备1枚核或热核弹头，其典型构成为：液体或固体推进装置，二级或多级助推火箭，惯性制导系统（并可加装星座导航、卫星导航或末端制导系统），一个或多个再入飞行器，每个再入飞行器各含有一枚弹头。

马克西姆·费格特

2004年10月9日，美国航天科学家马克西姆·费格特博士在德克萨斯州休斯敦家中不幸逝世，终年83岁。在美国宇航局工作期间，费格特为美国的载人太空计划做出了突出贡献，被誉为"水星"、"双子星座"和"阿波罗"飞船之父。

费格特出生在美国路易斯安那州一个有法国血统的家庭。父亲是公共卫生部一位声誉很高的医生，当年他曾在英属洪都拉斯从事热带病研究，于是马克西姆·费格特便降生在异国的土地上。

1943年，年轻的费格特从路易斯安那州州立大学获得了工程学位，正赶上第二次世界大战，于是费格特毅然穿上军装，成为太平洋潜艇部队的一名士兵。费格特没有想到的是，这段经历会成为他日后寻找工作的一个资本。

从部队归来以后，费格特和一位校友一起抱着试试看的想法来到位于弗吉尼亚州汉普顿市的兰利航空研究所。可以说当时的费格特对航空一无所知，但是兰利研究所却意外地录用了他，理由是他聪明而且对航天抱有浓厚的兴趣，还有一个重要的理由就是大战期间他自愿参加潜艇部队的经历感动了兰利研究所的负责人。

从1958年起，37岁的费格特成为空间任务组的重要成员。空间任务组是美国最早开始载人航天研究的机构，也是举世闻名的约翰逊航天中心的前身。同一年，作为飞行系统部主任的费格特开始为美国的"水星"载人航天计划设计宇宙飞船。当时，载人航天活动刚刚起步，能够把人送上太空并使他安全返回地面的宇宙飞船究竟是什么样，谁也说不清楚。但是费格特和空间任务组的工程师们凭着年轻人特有的闯劲，开始了艰苦的设计工作。经过反复研究和论证，费格特决定把飞船设计成像弹道导弹那样的钝头体。定型后的"水星"号飞船长2.9米，最大直径1.8米，重约1.8吨，座舱内可乘坐1名宇航员。1961年5月5日，载有美国第一名宇航员谢泼德的"水星"号飞船首次在亚轨道（直上直下）飞行取得了圆满成功。在整个"水星"计划期间，"水星"飞船一共把6名宇航员成功地送上了太空。

继"水星"计划之后，费格特又参加了"双子星"飞船的设计工作。这种可载两名宇航员的飞船先后进行了10次载人飞行，为后来的"阿波罗"载人登月计划积累了宝贵经验。"水星"和"双子星"宇宙飞船的设计成功为马克西姆·费格特赢得了巨大的声誉，人们把他称为"水星"和"双子星"飞船之父。

费格特的成功是他多年勤奋努力、刻苦钻研的结果。有时为了思考某个技术问题，他能够持续几天，甚至几个星期全神贯注，每到这时，他总是凝视着屋里的墙壁发呆。尽管费格特承认这样思考很费精力，过后感到非常疲倦，但是他却积习难改。当年在兰利研究所时，他常常独自站在阳台上，不厌其烦地把一对对粘好的纸碟随手抛向空中。看到这种异常的举动，一些初来乍到的人都以为他是个疯子。其实，费格特是在专心地研究飞行器的升力问题。

费格特不仅是一个天才的飞船设计师，而且还是一个锋芒毕露的传奇式人物。他身材瘦小，身高只有1.67米，平时会客时总爱打上领结，给人以礼貌温和的印象。但实际上费格特是一个很有个性的人，他直言不讳，工作中从来不留情面，而且非常自信，从不认为自己会错。有一次，为和一位学生时代曾是赛跑运动员的同事争论出谁跑得更快的问题，费格特竟和那位同事在威斯康星大街拥挤的人行道上展开了一场100米的短跑竞赛。结果可想而知，费格特是当然的落后者。"由于你的个性，你所设计的每艘宇宙飞船都将是钝头的。"一位宇航局的同事曾经用玩笑的口吻这样对费格特说。

除了极少使用制图桌和习惯用从杂货店买的普通坐标纸外，费格特还有一个怪癖，他极少去看飞船的发射。在历时 11 年之久的"阿波罗"计划期间，费格特仅仅看过一次发射过程。截止到 1988 年底，已经是航天飞机总设计师的费格特，竟然从未到卡纳维拉尔角观看过一次航天飞机的发射。

然而，就是这样一个古怪而且个性极强的人，却深得宇航局同事们的喜爱，几乎整个宇航局的人都认为，费格特思路敏捷，而且事实证明，他的想法往往是正确的。有人曾经幽默地说："倘若美国能够按照马克西姆今天早上刮胡子时所设想的去做，那么在今后的 100 年内就大有可为了。"

美国"阿波罗"11 号飞船发射升空

继"双子星"飞船之后，马克西姆·费格特又设计了著名的"阿波罗"宇宙飞船。到 1972 年底，这种可载 3 名宇航员的飞船先后成功地执行了 6 次登月任务。从那以后，费格特又被称为"阿波罗"飞船之父。

1981 年，为美国政府服务 40 年之久的费格特从宇航局退休。退休后，他住在休斯敦。不过，费格特虽然离开了宇航局，却并没有真正退休。1982年，他创办了一家空间工业公司，成为这家公司的董事长和首席执行官，并且设计了一座既经济又美观的载人空间站。宇航局的许多工程师看后说，这是一项杰作，如果真把它建成的话，肯定会再次轰动世界。

钱学森

"我宁肯把他枪毙了，也不放他回国。无论在什么地方，他都抵得上5个师。"说这话的是当年美国海军次长丹尼尔·金布尔。而那个被金布尔称为能抵得上5个师的人是谁呢？

他就是被誉为"中国火箭之父"的钱学森。

"中国航天之父"钱学森

1911年12月11日，钱学森生于上海。3岁时他随父亲来到北京，在此开始了小学和中学的读书生活。1929年，中学毕业后的钱学森怀着振兴祖国的热情，考取了交通大学的机械工程系。交大毕业后，钱学森又考取了清华大学的公费留学。1935年春天，钱学森东渡美国，前往麻省理工学院航空系学习。望着渐渐远去的祖国大陆，钱学森暗自确定了自己的奋斗目标，就是一定努力学好外国的科学技术，以便将来建设一个繁荣富强的祖国。

在美国学习期间，由于天资聪颖且勤奋好学，钱学森很快学有所长，他在近代力学和喷气推进科学研究方面取得了显著成果。到1947年，36岁的钱学森已经成为麻省理工学院的教授。

但是，优越的科研条件和良好的生活环境没能磨灭钱学森报效祖国的信念。新中国成立前夕，钱学森就开始做回国的准备。没想到，美国政府先是千方百计地予以阻挠，后来又以莫须有的罪名，拘留了钱学森。两个星期以后钱学森虽然得到了保释，但他的行动仍然受到联邦调查局探员们的非法监视，以致钱学森无辜滞留美国5年之久。直到1955年6月，钱学森才设法在一封家书中夹带出一封给祖国的信。信中他恳请政府尽快帮助他返回朝思暮想的祖国。后来，这封信被转送到国务院总理周恩来手中。经过我国政府的多次交涉，美国政府才不得不放钱学森回国。

离开美国前夕，钱学森去和他的导师冯·卡门教授告别。当时那位已经74岁的力学大师一边翻看着钱学森刚出版的《工程控制论》，一边感慨地对这个出类拔萃的学生说："你现在在学术上已经超过了我。"听到这话，钱学森心里产生了一种以往不曾有过的激动。他奋斗20年的目标终于要实现了。

回国后，钱学森把自己的学识和智慧全部献给了新中国的国防建设事业。早年，陈赓大将曾专程从北京赶回哈尔滨，接见正在解放军军事工程学院参观的钱学森。陈赓见到钱学森后就开门见山地问："中国搞导弹行不行?"钱学森坚定地回答："外国人能干的，中国人为什么不能干?"陈赓满意地说："好，就要你这一句话!"

从那以后，钱学森以他在总体、动力、制导、结构、气动力、计算机和质量控制学领域的渊博知识，在组织领导新中国的导弹、火箭和航天器的研究与发展上发挥了巨大作用。在导弹研制初期，各种困难多得堆成山，钱学森就和大家一起集思广益。为了抓紧时间，钱学森想出了一个好办法，每到星期天下午，他就把各型号的技术负责人请到自己的宿舍里共同研究问题。直到晚年，钱学森还常常回忆起那些令人难念的星期天会议。

20 世纪 60 年代中期以后，我国的中近程和中程导弹先后研制成功，中远程导弹也取得了突破性进展，这使钱学森敏锐地意识到，我国研制并发射人造卫星的条件已经基本成熟，该是中国人进入太空的时候了。于是，这位早在 1953 年就开始研究星际航行理论的科学家，于 1965 年 1 月建议中央早日制订人造卫星的研究计划并尽快把它列入国家任务。

中年时的钱学森与毛泽东在一起

钱学森的建议得到了国家领导人的高度重视。经过认真研究，我国提出了 1970 年至 1971 年间发射第一颗人造地球卫星的设想。经过科学家、工程技术人员和技术工人们 4 年多的共同努力，我国第一颗人造卫星在 1970 年初制造完成了。

这颗命名为"东方红"1 号的卫星是一个直径 1 米的球形多面体，重量为 173 千克，超过了苏、美、法、日 4 国第一颗卫星重量的总和。它由外壳、仪器舱和承力筒 3 个部分组成。为了使人们能够"看得见、听得到、抓得着"，卫星上除了装有微波、超短波无线电跟踪设备和能够发出《东方红》乐曲的乐音装置及转播系统外，还在末级火箭上装了提高亮度的"观测裙"。卫星研制过程中，钱学森为解决许多关键性的技术问题贡献了聪明才智。

1970 年 4 月 24 日晚 9 时 35 分，"东方红" 1 号卫星由我国的第一枚"长征" 1 号运载火箭送入太空。13 分钟后，指挥控制中心传来了火箭分离、卫星入轨的喜讯。顿时，发射场上的人们沸腾了，他们尽情地欢呼跳跃，许多人激动得热泪盈眶。在发射场召开的庆祝大会上，钱学森发表了热情洋溢的讲话。

"东方红" 1 号卫星的发射成功，使我国成为继苏、美、法、日后第 5 个发射卫星的国家。当卫星发出的《东方红》乐曲响彻太空时，钱学森同其他一些参与卫星研制的代表一起被邀请到"五一"节的天安门城楼上，受到了毛泽东主席和周恩来总理等党和国家领导人的亲切接见。

为了表彰钱学森对中国火箭导弹技术、航天技术和系统工程理论所作出的重大开拓性贡献，1989 年 6 月 29 日，"国际技术与学术交流大会"授予他"小罗克韦尔奖章"、"世界级科技与工程名人"和"国际理工研究所名誉成员"的称号。1991 年 10 月 14 日，我国国务院、中央军委授予钱学森"国家杰出贡献科学家"的称号和一级英雄模范奖章。面对这些荣誉，钱学森说"一切成就归于党，归于集体"，他表示还要继续努力。

1994 年，在中国工程院第一次院士大会上，钱学森被选聘为中国工程院院士。

1995 年，钱学森获何梁何利基金颁发的首届（1994 年度）"何梁何利基金优秀奖"（后改称"何梁何利基金科学与技术成就奖"）。

1996 年，在交通大学百年校庆之际，由江泽民总书记题写馆名，第一次以中国科学家的名字命名的图书馆——钱学森图书馆，在他的母校西安交通大学隆重举行命名仪式。该图书馆坐落在西安交通大学的新世纪广场。

1998 年，钱学森被聘为解放军总装备部科学技术委员会高级顾问。在中国科学院第九次院士大会和中国工程院第四次院士大会上，他被授予"中国科学院资深院士"、"中国工程院资深院士"称号。

1999 年，获中共中央、国务院、中央军委颁发的"两弹一星功勋奖章"。

2001 年，钱学森获霍英东奖金委员会颁发的第二届"霍英东杰出奖"（中国地区）。经国际小行星中心和国际小行星命名委员会审议批准，将中国科学院紫金山天文台发现的国际编号为 3763 号小行星，正式命名为"钱学森星"。

2001 年，记录钱学森光辉历程的"钱学森业绩馆"在其母校——西安交通大学开馆，并面向社会开放。馆中收藏展出的有钱学森 1929 年~1934 年在交大机械工程系铁道专业学习时的水利工程学试卷，钱学森赠给母校的一批珍贵手稿，著作《钱学森手稿》、《论宏观建筑与微观建筑》、《创新系统学》以及介绍和反映他科学思想、科技成就及辉煌人生历程的论著及其他作品。

2008 年 2 月，钱学森被评为"2007 年感动中国年度人物"。

2009 年 9 月 14 日，他被评为 100 位新中国成立以来感动中国人物之一。

2009 年 10 月 31 日上午 8 时 6 分，钱学森在北京逝世。享年 98 岁。

钱学森在空气动力学、航空工程、喷气推进、工程控制论、物理力学等科学技术领域作出了开创性贡献，被称为中国近代力学和系统工程理论与应用研究的奠基人。

尤里·加加林

苏联英雄著名航天员尤里·加加林于 1961 年 4 月 12 日乘"东方"1 号飞船，用 1 小时 29 分钟 34 秒的时间绕地球飞行一周，成为第一位飞入太空的人。作为第一个进入宇宙的人类，加加林无疑是幸运的。

1934 年 3 月 9 日，尤里·阿列克赛维奇·加加林出生于苏联斯摩棱斯克区的小乡村——克鲁什纳，他的家庭世代都是农民，父亲更是一个普通的乡村木匠。

加加林少年时就具有了坚毅的性格和远大的理想。加加林曾说他童年时最大的梦想就是"长大了要到星星上去"，并且他一直在为自己童年的梦想而努力。

然而，他 15 岁时就因为家庭生活环境的困窘而停止了中学的学习并进入了工厂工作，以便减轻父母的经济负担。加加林在工厂的翻砂车间工作，这是一种繁重的体力劳动，这种强度的体力劳动对于年仅 15 岁的加加林来说绝不是简单的事。然而，年轻的加加林并没有被繁重的劳动压垮，更没有向命运低头，他在劳累的工作之余依然坚持每天到工人夜校去学习。功夫不负有心人，加加林在夜校学习毕业后，终于以优异的成绩考取了伏尔加河流域附近的萨拉托夫的一所中等技校。加加林的命运也由此开始转变。

苏联第一名宇航员加加林

加加林在萨拉托夫加入了当地的航空俱乐部，后来又考入航空学校。第二次世界大战后，加加林成了一名出色的空军飞行员，他的航空生涯从萨拉托夫开始了，他已经向儿时的梦想迈出了关键的一步。

1960 年，苏联航空委员会在空军系统招考宇航员，经过极其严格的"超级选拔"，加加林"过五关斩六将"，终于成为苏联第一批 6 名宇航员之一，并被送往莫斯科的宇航员基地接受各种特种训练，开始了他的宇航员生涯。

1961 年 4 月 12 日清晨，加加林在酣睡中被医生叫醒（足见加加林心理素质的完善，曾经排在首飞第一位的航天员季托夫就是因为上天前心理压力太重而遭淘汰），吃了一顿特别的早餐，穿上了橙色的航天服。此时，拜科努尔航天中心碧空万里，预示着这次史无前例的远行会有一个好结果。2 小时后，加加林被固定在"东方"1号飞船内。飞船重4545千克,包括直径2米多的环形乘员舱和一个圆筒形的机械舱。乘员舱有3个观测窗口,另外还有监测温度、湿度和气体比例的仪表及电视摄像机等设备。机械舱中则装有动力、驾驶、降落及通信设备等。

莫斯科时间上午9时7分,SL-3型运载火箭尾部喷出了炽热的橙色火焰,呼啸着托着飞船离开地面飞向阳光明媚的天空。加加林在升空后向地面控制中心报告他的感受和印象,"美丽极了!我看见了地球和上面的森林、海洋和云彩……"。当飞船被加速到2.7万千米/时,他的体重加大了6倍。当飞船进入近地点180千米、远地点222~327千米的预定轨道时,加加林体验到了失重,但这没有影响他的工作。加加林在太空中的动作是敏捷而正确的,太空飞行仅1小时48分后就将返回地面。10时25分,飞船制动装置按照程序接通,飞船逐渐减速,离开了运行轨道,进入稠密的大气层,加加林从窗口看出去,飞船像一颗正猛烈燃烧着的火球,飞船会被熔化掉吗?或许人们会有这种担心,但加加林并不担心,因为以前发射的无人飞船能安全返回地面,他相信自己乘坐的飞船也一样可以安全着陆。10时55分,飞船将巨大的降落伞弹射出去,加加林和降落伞一起飘落到伏尔加河畔距预定着陆点10千米处的一个村庄附近,平安从天外归来。加加林勇敢地开辟了人类通往太空的道路,证明了人类可以安全地进入太空,他因此荣获了列宁勋章和金质十字章,成为了苏联的英雄。

108分钟的太空飞行,使加加林成了整个苏联乃至整个世界的英雄,莫斯科以隆重的仪式欢迎从太空凯旋的航天英雄,加加林由上尉荣升至少校,还被授予了大大小小的许多勋章。然而加加林并没有被荣誉冲昏头脑,他客观地认识到了自己理论上的不足,为此,他进入了茹克夫斯基航空工程学院学习,并以优异的成绩毕业。此后,加加林当选为最高苏维埃的代表,还进入了苏联列宁共产主义青年团委员会。

1968年3月27日,加加林和飞行教练谢列金一起,为再次进入太空飞行进行飞行训练。他们所驾驶的是经过认真检查,被认为是最可靠的米格-15歼击教练机。这次飞行由经验丰富、技术高超的一级试飞员谢列金担任检查

加加林完成第一次宇宙飞行任务后胜利归来

员，加加林也做好了应付特殊情况的准备，但意想不到的空难还是发生了。经反复调查，从加加林最后一次飞行报告中获知：飞行员当时是在8～10级浓雾中飞行，仪表显示距地面有900米，而实际上飞机距地面只有400～500米，如此大的误差是加加林遇难的致命原因。当加加林接到返航命令后迅即从4200米的飞行高度降到3000～3500米，由于云层密布，又可能陷入了前面飞机高速动作引起的大气涡流中，气压高度计的信号迟钝，出现距地面高度数百米的误差。加加林根据测高计显示的高度认为一切正常，就放心地驾机俯冲出云层，只见飞机离地面高度仅250～300米，而且俯冲角度达70～90度，这意味着飞机着陆只有1秒多的时间，在如此短暂的时间内，飞行员是无法采取任何补救措施的，即使预先

已准备了应急手段。就这样，苏联英雄尤里·加加林和弗·谢列金同时遇难。人类航天史上最杰出的宇航员不幸早逝，死时年仅34岁。

为了纪念加加林所建立的不朽功绩，国际航空联合会专门设立了加加林金质奖章，并以他的名字命名了月球背面的一座环形山。苏联政府还在加加林凯旋途经的莫斯科的列宁大街上，建立了一座40米高的纪念碑。在纪念碑上面站立着12米高的加加林塑像，他目视前方，表明他的心永远向着太空，向着航天事业。虽然他已经离开了人世，但他的名字将永载史册。

苏联航天员的挑选

为了挑选航天员，苏联军方、科学院、设计局等召开了联席会议。开始大家认为航天员要有如下职业背景：飞行员、潜水员、火箭部队军官、赛车手。苏联空军认为，必须从空军飞行员中挑选航天员。理由是，只有他们才同时具备在缺氧、高压力环境、高过载环境下工作的经验，而且还要有弹射经验。空军的想法是有道理的，这个意见被采纳了。

苏联航天员的体格挑选标准是：年龄25—30岁，身高不超过175厘米，体重不超过72千克。身体健康，不能小到慢性支气管炎、咽喉炎，大到肾脏、肝脏、心脏等器官病变等疾病。甚至，哪怕医生认为你可能将患上胃炎、肠炎都不行。

捷列什科娃

20世纪，妇女的地位越来越得到人们的重视，然而由于身体条件、设备以及训练等各方面的限制，妇女一直没有在航天方面有什么出色的成就，这个局面在1963年被捷列什科娃打破。

1963年6月16日，苏联发射了"东方"6号载人飞船，这艘飞船的特殊之处就在于它的驾驶员是航天史上的第一位女性——瓦莲金娜·捷列什科娃。

1927年3月6日，捷列什科娃出生于苏联雅罗斯拉夫尔州的马斯连尼科沃村。她从小喜欢体育运动，中学毕业后，在工作之余参加了航空俱乐部的跳伞活动，后来成了一名专业的跳伞运动员，正是跳伞活动使她锻炼出了强健的身体和坚强的意志。

1961年加加林进入太空之后，在苏联全国引起了很大的轰动。捷列什科娃代表航空俱乐部的姑娘们给航天部门写了一封信，希望航天部门的负责人

1963 年 6 月 16 日，苏联宇航员捷列什科娃驾驶
"东方" 6 号升空，成为进入太空的第一位女性。

可以考虑让女性参与到航天活动中来。姑娘们的信件引起了有关部门的重视，捷列什科娃和几个姑娘被邀请到了莫斯科去陈述她们的意见。

1961 年 12 月，捷列什科娃通过了严格的身体检查，加入了苏联国家宇航员的队伍，成为了世界上第一批女宇航员，并于次年 3 月加入了苏联共产党。

训练是残酷的，从 1962 年开始持续了近两年的时间。在这两年中，她们学习了有关空间医学、火箭发动机、天体运行机制、轨道动力学、天文学和飞船设计等方面的知识，接受非人的生存训练、空降训练等，还进行了体能和心理训练以及在特殊情况下的专门训练。总之，她们所通过的训练项目并不亚于男性航天员的训练内容，完全满足航天员的考核要求。直到升空前的两个星期，捷列什科娃竟 "捷" 足先登成为世界上第一位女性航天员和 "东方" 6 号的指令长。

1963 年 6 月 16 日清晨，捷列什科娃穿上那件既显得笨重又不失为漂亮的宇航服，前往火箭发射场。捷列什科娃的心情很好，她说："虽然太空服有 90

千克重，但在我的胸前一侧绣有美丽的和平鸽，另一侧绣的是海鸥，因为我的飞行代号是海鸥。这要比男航天服漂亮多了……""东方"6号在雷霆声中徐徐离开发射架，直刺蓝天！飞船在加速飞行，捷列什科娃全身感到异乎寻常的重，重得动弹不得……飞船终于入轨了，捷列什科娃顿时感到异乎寻常的轻，轻得不知道自己的身体在哪里。

作为女性，考虑到捷列什科娃的健康和身体承受能力，按照预定的计划，"东方"6号载人飞船的任务是在太空中飞行24小时。飞行中捷列什科娃大胆地向地面指挥人员提出要求："24小时的时间太短了，希望能批准延长飞行时间。"捷列什科娃不仅仅

训练中的捷列什科娃

是为了给女性争取到上天的权利，她要的不只是一个第一，她还要证明给全世界看"男人能做到的事情女人也能做到"。在捷列什科娃的强烈要求下，她在太空中一共飞行了70小时40分钟49秒，共绕地球48圈之多。

在捷列什科娃驾驶的"东方"6号载人飞船进入太空的前两天，即6月14日，由贝柯夫斯基驾驶的"东方"5号载人飞船也进入了太空，捷列什科娃出色地与"东方"5号载人飞船完成了编队飞行的任务，其整个工作过程一点儿也不比贝柯夫斯基逊色。

1963年6月19日，捷列什科娃安全返回地球，她受到了英雄般的欢迎。她成了苏联妇女界的代表人物，后来还担任了最高苏维埃代表、苏联妇女委员会主席、国际民主妇女联盟副主席等职位，这些都是苏联人民乃至全世界人民给予这位勇敢的女性的荣誉以及对她所表达的敬意。

捷列什科娃的这次太空飞行出色地完成了预定的生物医学和工艺实验任务，并着重研究了太空飞行对妇女可能带来的影响。同时和"东方"5号密切配合，在转道上进行编队飞行、互相摄影，拍摄到地球表面、云层、月球、太阳及其他星球的大量照片……这位纺织女工出身的航天员，凭着她勇往直前、勇于克服困难的顽强精神，不仅学会了驾驶各种喷气式战斗机，还学会了操纵宇宙飞船，在航天史上开创了新的一页！

尼尔·阿姆斯特朗

1969年7月20日，美国宇航员尼尔·阿姆斯特朗从"阿波罗"11号飞船登月舱走出，在月球表面留下人类登月的第一个脚印，实现了人类登月的梦想。他所说的话，"这是个人的一小步，但却是人类的一大步"，几乎已经成为20世纪最著名的名言。

第一个踏上月面的美国航天员
阿姆斯特朗

尼尔·阿姆斯特朗于1930年8月5日生于美国俄亥俄州瓦帕科内达市。在皎洁的月光洒满大地的一个晚上，6岁的他独自一人在庭院中玩耍，而他的母亲正在厨房中洗碗，她听到院中传来了蹦蹦跳跳的声音，于是忍不住问儿子："宝贝，你在干什么？"他则大声回答道："妈妈，我想要跳到月亮上去！"这位年轻的母亲听后，没有责怪他想入非非，也没有斥责他顽皮，反而笑着说："那好啊，不过你一定要记住，上了月亮后千万不要忘了回来啊。"

母亲的鼓励加上聪颖的天赋，使

他自小就一直是同龄人中的佼佼者。甚至在还不能合法开车的年龄时，他就已取得了飞行执照。上中学时，有次一位老师因病未来，阿姆斯特朗竟挺身而出临时代上了一课，居然还得到了大家的认可。1947 年，17 岁的他进入了印第安纳州拉斐特的普度大学，学习航空工程并成为海军后备飞行军官。在部队中他也有出众的表现。1950 年，他在韩国进行了 78 次战斗任务飞行，曾三次获得空军勋章。

1955 年，他加入太空总署，成为一名非军职的高速试飞员（他是驾驶X－15尖端研究飞机飞行的 12 人之一，这种飞机能以超音速飞行并达到很高的高度。12 名飞行员当中有 8 位，包括阿姆斯特朗，飞过了 80 千米的高度，一度被认为是未来宇航员所必备的业绩）。1962 年 9 月 17 日，他获选为第二批的 9 名受训宇航员之一，他也是第一位非军职的宇航员。3 年后，阿姆斯特朗成为"双子星"5 号任务的预备正驾驶。

1966 年 3 月 16 日，阿姆斯特朗作为"双子星"8 号的正驾驶，进行了首次太空飞行。这次飞行历时 10 小时 41 分 26 秒，包括首次与另一架宇宙飞船在轨道自动导航的"阿金纳"目标火箭对接。他成功地使"阿金纳"火箭与他的宇宙飞船分离并坠入太平洋，这是美国宇宙飞船首次紧急着陆。在这一年的后期，他成为"双子星"11 号的预备正驾驶。

奥尔德林、阿姆斯特朗、柯林斯（左至右）
1969 年在太空舱旁合影。

1969 年 7 月 16 日，同奥尔德林和柯林斯（由他担任指令长）乘"阿波罗" 11 号宇宙飞船，飞向月球。7 月 20 日，由阿姆斯特朗操纵"飞鹰"号登月舱在月球表面着陆，当天下午 10 时他和奥尔德林跨出登月舱，踏上月面。阿姆斯特朗率先踏上月球那荒凉而沉寂的土地，成为第一个登上月球并在月球上行走的人。当时他说出了此后在无数场合常被引用的名言："这是个人的一小步，但却是人类的一大步。"他们在月球上度过了 21 个小时，并于 21 日从月球起飞，24 日返回地球。

已被永远保存下来的人类第一个在外星球上的足迹

这第一次登月活动中还有一个鲜为人知的故事：在返回登月舱之际，同伴奥尔德林背上的装置不慎碰坏了登月舱上的一个开关，启动了不该工作的发动机，如不及时关闭，他们二人将会因燃料不足或永远留在月面上，或是起飞后到不了母船而永远在太空中游荡！全靠阿姆斯特朗临危不惧，急中生智拨动一支"宇宙圆珠笔"关掉了它。

返回地球后，随之而来的是种种摆脱不了的名誉和光环，并于同年获总统颁发的自由勋章。可是，阿姆斯特朗对自己的成名并没有心理准备，认为成名是个负担，无法应付和承受。让他感触最深的是，周围的朋友和同事们对待他的方式与过去截然不同了。

不久之后，阿姆斯特朗出任太空总署航空学协会副会长。接着，为了彻底从公众的目光中隐退，阿姆斯特朗在 1971 年从美国宇航局退休，到辛辛那提大学航空工程学院担任教授至 1979 年。阿姆斯特朗甚至还在一个偏僻的乡下买了一个杂草丛生的农庄，开始了自己的半隐居生活。他感慨地说道："到底要花多少时间，别人才不将我当做一名宇航员看待？"曾经有人建议阿姆斯特朗多出去走走，到各地散散心，可这个倔强的美国人只说了这样一句话就堵住了所有人的嘴："我连月球都去过了，地球上还有什么地方能吸引我呢？"

在 30 多年中，他很多时候都拒绝媒体采访，保持低调的沉默，甚至他调侃自己是一个"令人讨厌的工程师"。

由于工作需要，阿姆斯特朗非常忙碌而且需要经常出差，为此根本没有时间陪伴家人，两个儿子的成长和教育过程他很少参与。从月球返回之后，他的生活更是发生了翻天覆地的变化，妻子珍妮特渐渐厌倦了这样的日子。1989 年年底，珍妮特在餐桌上留了一张纸条给他，提出离婚的要求。1994 年，阿姆斯特朗与共同生活了 38 年的妻子珍妮特正式离婚。阿姆斯特朗回忆当时的场景，唏嘘不已："我想挽留她，可在当时那样的情景中，我能说什么呢？我们的婚姻，就像一次失败的飞行，无声地崩溃了……如果可能，我还要说，我爱妻子。我很抱歉，我们的婚姻，成为我成功的最大代价。"

几年前，阿姆斯特朗再婚了。垂暮之年的他更愿意"生活在现在"，还经常驾驶滑翔机过把飞行瘾。

1968 年以来阿姆斯特朗的主要活动

1968 年他被选为"阿波罗"11 号指挥长，授命第一个登上月球，"阿波罗"11 号于 1969 年 7 月 16 日从佛罗里达州肯尼迪航天中心起飞，当月 20 日着陆月球；

1969～1971 年，阿姆斯特朗担任美国航空航天局副署长，负责太空先进技术的研究；

1971～1979 年，阿姆斯特朗担任辛辛那提大学航天工程教授；

1982～1992 年，阿姆斯特朗担任位于弗吉尼亚州航空计划技术公司董事长；

1986，阿姆斯特朗被总统任命为"挑战者"号航天飞机事故调查委员会副主席；

1989～2002 年，阿姆斯特朗担任位于纽约的电子和航空制造商 AIU 技术公司董事长；

2002 年正式退休，现居住在他的家乡俄亥俄州。

杨利伟

杨利伟

一飞冲天，千年梦圆。随着杨利伟的成功返航，中国一跃成为世界载人航天俱乐部的第三个成员，中国和平利用太空的舞台从此更加广阔。杨利伟，这位中国人民解放军航天员大队的首飞航天员，以自己的壮举和英姿，赢得了国人的尊敬，也让全世界为之瞩目。

1965 年 6 月 21 日，杨利伟出生在辽宁省绥中县绥中镇。爸爸杨德元、妈妈魏桂兰同在镇里一家中学当教师（爸爸后调到县土产公司）。8 岁那年的一天，母亲让他到房后头拿木棚上的地瓜，他试了再试，半天的时间过去了，额头和小鼻尖上都浸出了汗水，却始终不敢登上离地面不到 15 米高的木梯。面对小利伟的胆怯，在镇学校做教师的父母担心地说："这孩子的性格不改变，怕是长大后不能成事。"

为了改变小利伟的性格，每年寒暑假日，爸爸有意识地带他去爬山或到县东六股河去游泳。秋天，则带他去大山里爬树采摘果实。9 岁这年秋天，在绥中镇北巍巍的燕山山脚下，经父亲鼓励，小利伟平生第一次爬上了一棵 30

多米高的古老的塔松，当从大树上下到地面后，浑身被汗水浸透的小利伟张开双臂紧紧地抱住爸爸的脖子高声喊道："爸爸，我成功了!"

孩子这激动的高喊，似乎击落并摔碎了他性格上的怯懦，看见孩子第一次勇敢地战胜自己，父亲竟喜极而泣。从此，小利伟竟对探险及运动有了兴趣。常常同伙伴跋山涉水野游，登狐仙山探访狐洞，寻访古寺遗址，寻觅传说中的"链锁地井"。看完《闪闪的红星》、《小兵张嘎》、《鸡毛信》等战争故事片后，他央求爸爸帮助同班的小伙伴赶制了红缨枪，毛遂自荐当上了儿童团长，带领"红军"攻克"白军"山头阵地，活捉了"胡汉三"、日本皇军头子"龟田"。他还常率领伙伴在学校的操场上"飞碍阻"、练习投掷铁饼、跑百米。在亲人的眼里，小利伟真像是变成了另外一个人。

1983 年，杨利伟考进了空军第八飞行学院，历任空军航空兵某师飞行员、中队长，曾飞过歼击机、强击机等机型，安全飞行 1350 小时，被评为一级飞行员。四年的刻苦学习和训练，他终于成了一名优秀的歼击机飞行员，儿时的梦想成了现实。从此，他尽情地飞翔在蓝天。从华北到西北，从西北到西南，在祖国的万里蓝天上，处处留下了他矫健的身影⋯⋯

1992 年夏，杨利伟所在部队来到新疆某机场执行训练任务。那天，他驾驶着战鹰在吐鲁番艾丁湖上空作超低空飞行。突然，飞机发出一声巨响，霎时间仪表显示汽缸温度骤然升高，发动机转速急剧下降! 杨利伟明白，自己碰上了严重的"空中停车"故障，飞机的一个发动机不工作了! 紧急关头，杨利伟异常冷静：一定要把飞机开回去!

他稳稳地握住操纵杆，慢慢地收油门，驾驶着只剩一个发动机的战机一点点往上爬升。500 米、1000 米、1500 米，飞机越过天山山脉，向着机场飞去。快接近跑道时，剩下的一个发动机也不工作了。他果断采取放起落架的应急措施，顺利地将完全失去动力的战机紧急降落在跑道上。

当他从机舱出来时，飞行服已经完全被汗水浸透。战友们纷纷围上来同他拥抱。团长激动地当场宣布，给杨利伟记三等功一次。

对这次"空中特情"的正确处置，显示了杨利伟优秀的心理素质。

1996 年初夏，身高 1.68 米、体重 65 千克的杨利伟接到通知，赴青岛疗

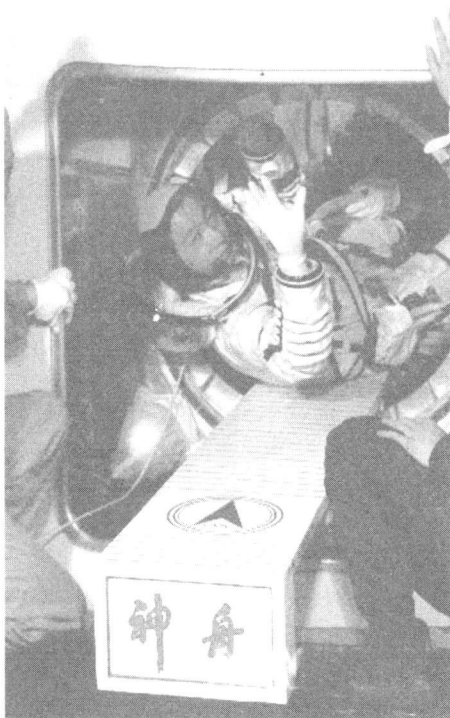

执行中国首次载人航天飞行任务的
航天员杨利伟登舱瞬间

养院参加航天员初选体检。初检合格后，他又接通知到北京空军总医院参加临床体检。杨利伟是最幸运的，也是最优秀的。他的临床医学和航天生理功能各项检查的指标都达到优秀，征服了评选委员会全体专家。1998年1月，作为中国首批航天员中的一分子，杨利伟带着他的梦想与追求，来到了北京航天员训练中心。不到两年时间，他学完了载人航天工程基础、航天医学基础等10多门高新技术课程，考核成绩全部达到优秀。为掌握过硬的航天技能，他不断挑战自我，超越自我，5年时间内圆满完成8大类、58个专业的近百项训练任务，熟练掌握了飞行程序和操作规程，以专业技术考核第一名的优异成绩入选首飞梯队。

2003年10月15日，北京时间5时28分，在酒泉卫星发射中心的航天员公寓问天阁广场，身着乳白色航天服的杨利伟迈着从容而稳健的步伐，向中国载人航天工程总指挥李继耐走去。

"总指挥同志，我奉命执行中国首次载人航天飞行任务，准备完毕，待命出征，请指示。中国人民解放军航天员大队航天员杨利伟。"

"出发！"随着总指挥庄重下达的命令，杨利伟大声答："是！"一个标准的军礼，定格在共和国的航天史册上。

火箭腾空而起，杨利伟乘坐"神舟"5号载人飞船，开始了中国人期待已久的太空之旅。这位航天勇士在太空安全飞行21小时23分、60万千米，于

10月16日早晨6时23分在内蒙古主着陆场成功着陆，返回舱完好无损。宇航员杨利伟自主出舱并接受身体检查。杨利伟在走出返回舱后向人们招手致意。中国首次载人航天飞行圆满成功。

2003年11月7日，中共中央、国务院、中央军委授予杨利伟"航天英雄"荣誉称号并颁发"航天功勋奖章"。

2005年8月19日，俄罗斯联邦航天署授予杨利伟一枚"加加林勋章"，以表彰他在载人航天飞行方面取得的成就和为中俄两国航天合作方面所做的努力。

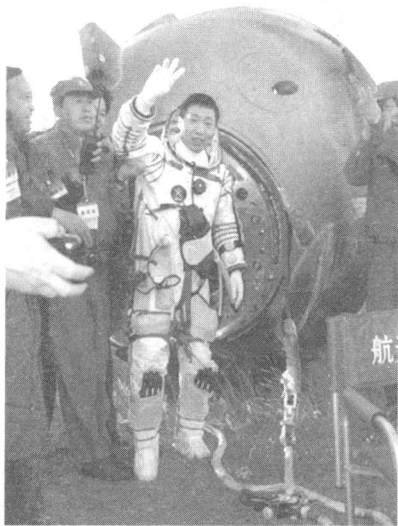

太空旅行归来的杨利伟

2006年5月，杨利伟受聘哈尔滨工业大学兼职教授；2008年7月被授予少将军衔；2008年11月获聘海南省文昌中学荣誉校长；2009年9月被评为"100位新中国成立以来感动中国人物"。

"我将继续努力工作，时刻准备接受祖国和人民交给我的任何任务！"杨利伟经常这样说。

知识点

神舟飞船着陆场选在内蒙古中部的原因

根据飞船运行轨道特点，着陆场必须具备4个条件：一是飞船将从这个地区上空多圈次通过；二是场地要开阔；三是地势要平缓，地表要足够坚硬；四是天气状况要好。内蒙古中部地区属沙质草地，地势平坦开阔，区内没有大河，为中温带大陆气候，全年干燥，少雨多风，能见度高。当地人烟稀少，平均每平方公里不超过10人。因此，"神舟"飞船的主着陆场选在了内蒙古草原上。